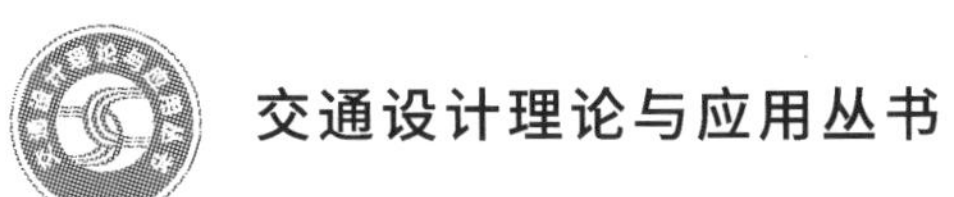
交通设计理论与应用丛书

平面交叉口
交通设计多目标综合评价方法

MULTI-OBJECTIVE EVALUATION METHOD FOR TRAFFIC DESIGN OF AT-GRADE INTERSECTIONS

羊 钊 包丹文 朱仁伟 / 著

人民交通出版社股份有限公司
China Communications Press Co.,Ltd.

内 容 提 要

合理的交通设计是减少交通拥堵,提升交通安全的有效途径。对平面交叉口设计方案进行全面客观的评估,可以为设计方案优化、调整及排序提供科学依据。本书构建了一套实用的平面交叉口设计多目标综合评价方法,为城市交通科学化管理予以技术支持。全书内容包括平面交叉口交通设计及常用评价指标、平面交叉口交通运行分析方法、平面交叉口交通设计评价指标悖反分析、平面交叉口交通设计多目标综合评价、工程实例应用等。

本书面向交通规划、交通管理、交通信息与控制等专业和方向,可供相关专业工程技术人员和研究人员参考使用。

图书在版编目(CIP)数据

平面交叉口交通设计多目标综合评价方法 / 羊钊,包丹文,朱仁伟著. — 北京: 人民交通出版社股份有限公司, 2017.1

ISBN 978-7-114-13594-1

Ⅰ.①平… Ⅱ.①羊… ②包… ③朱… Ⅲ.①平交道口—交通规划—研究 Ⅳ.①TU984.191

中国版本图书馆 CIP 数据核字(2017)第 005981 号

书　　名: 平面交叉口交通设计多目标综合评价方法
著 作 者: 羊　钊　包丹文　朱仁伟
责任编辑: 张　鑫　王景景
出版发行: 人民交通出版社股份有限公司
地　　址: (100011)北京市朝阳区安定门外外馆斜街 3 号
网　　址: http://www.ccpress.com.cn
销售电话: (010)59757973
总 经 销: 人民交通出版社股份有限公司发行部
经　　销: 各地新华书店
印　　刷: 化学工业出版社印刷厂
开　　本: 720×960　1/16
印　　张: 10.5
字　　数: 165 千
版　　次: 2017 年 1 月　第 1 版
印　　次: 2017 年 1 月　第 1 版第 1 次印刷
书　　号: ISBN 978-7-114-13594-1
定　　价: 36.00 元

前　言

随着我国社会经济的高速发展，城镇化、机动化进程加快，交通拥堵、环境污染等问题日益突出。平面交叉口是道路交通系统的关键节点，存在交通组成多样、交通行为复杂、交通冲突集中、运行状态不稳定等特点，成为制约交通系统高效、通畅、有序、安全运行的瓶颈。合理的交通设计是减少交通拥堵，提升交通安全的有效途径。对平面交叉口设计方案进行全面客观的评估，可以为设计方案优化、调整及排序提供科学依据。

平面交叉口设计评价包括运行效率评价、交通安全评价、交通环境评价等诸多方面。广大交通科技工作者对此进行了大量研究和实践，取得了一系列的研究成果，积累了丰富的实践经验。但整体来看，传统交通设计评价仍以单目标评价为主，已有的研究缺乏系统性，还存在方案调整盲目性大、参数确定困难、方案最优性难以保障等诸多问题。致使我国目前尚未制定一部有关平面交叉口设计评价的国家性规范，无法为广大交通管理技术人员提供科学指导。

本书的研究即以此为背景展开，以系统性和实用性为指导思想，以交通系统通畅、安全、节能减排与资源节约为目标，归纳选取了效率、安全、环境、能耗、经济等平面交叉口交通运行评价指标，系统总结了国内外已有平面交叉口交通运行效率、交通安全和环境影响分析方法。提出了基于遗传算法的平面交叉口微观仿真模型两阶段参数标定流程。从交叉口管理控制方式和交叉口渠化设计两方面分析交通设计参数对于各项评价指标的影响，依托典型案例量化分析不同交通条件下各评价指标之间的悖反关系，并提出了一种基于工程经济分析的多目标分析方法。最终形成一套能为广大交通管理科技人员所运用的平面交叉口多目标综合评价方法。

全书以平面交叉口设计多目标评价为研究主题和论述核心，内容体系可分为理论和应用两大部分。理论部分旨在阐述平面交叉口设计评价方法，包括评价指标体系、交通运行分析方法、评价指标悖反分析和多目标综合评价方法四个环节，分别对应本书的1～4章。第1章是框架，第2～4章是对第1章的展开，是本书的核心，构成一个彼此联系、完整统一的方法体系。本书第5章为应用部分，以工程实例对前4章建立的方法进行应用，列出了实例交叉口设计多目标综合评价的详细过程，在起到示范作用的同时，检验本书所提出方法的可行性和实用性。

作者自攻读博士学位以来至今一直从事平面交叉口设计评价方面的研究和实践工作，本书反映了作者近年来在该领域的研究成果。在编写过程中，作者查阅了大量的参考资料，力图客观、全面地反映平面交叉口设计评价方面的最新成果。由于涉及运行效率、交通安全、环境及能耗等诸多相互关联的指标，平面交叉口设计评价是交通工程领域一个富有挑战性的问题，且随着相关学科的发展，有关平面交叉口设计评价的研究正在向更加细致、微观的方向发展，本书的许多章节本身就是开放的热点课题，加之作者才疏学浅，因此书中难免有错误和欠缺之处，恳请广大读者批评指正。

本书的有关科研工作得到了国家自然科学基金项目(No. 51608268)及江苏省自然科学基金项目(No. BK20150747)的大力支持，在此表示诚挚的感谢！

羊　钊

2016年8月

目　　录

第1章 平面交叉口交通设计及常用评价指标

从交通设计角度来看,平面交叉口是影响道路交通设施连续性的突变点,驾驶员在进入交叉口运行过程中需要采取感知、停车或减速、选择车道、处理交通冲突、加速等一系列驾驶行为,因而,平面交叉口往往成为交通系统中道路通行能力的“瓶颈”和交通事故的“多发源”。本章从平面交叉口的类型、交叉口功能区、交叉口设计要素等方面分析影响交叉口交通运行状况的各个因素,以交通系统通畅、安全、节能减排与资源节约为目标,选择效率、安全、环境、能耗、经济等多个评价指标。为表述简便,本书中“平面交叉口”也简称作“交叉口”。

1.1 平面交叉口类型

1.1.1 按交通管理控制方式划分

(1)全无控制交叉口

全无控制交叉口是指交叉口相交的两条或多条道路具有相同或基本相同的功能等级,通常相交道路交通流量均较小,不采取任何控制管理手段。在全无控制交叉口,相交车道的车流具有同等通行权利,驾驶员在距冲突点一定距离处做出决策,减速或直接通过交叉口。

(2)主路优先控制交叉口

两条相交的道路中,通常将交通流量较大的道路称为主路或者干路,交通流量较小的称为次路或者支路。主路优先控制方式是指主路车辆通过交叉口时具有优先通行的权利,次路或者支路车辆必须让主路车辆先行通过。主路优先控制方式又分为停车让行和减速让行两类。

①停车让行

停车让行是指次路车辆在进入交叉口时必须在交叉口停车线以外停车观察,待确认安全后方可通过交叉口。该方式通过在次路进口道处设置明显的停车标志和标线以指导车辆正常行驶。一般停车标志设置于与交通量相对较大的主路平交的次路路口,视距、视野条件较差的次路路口,或交通流复杂,车道、转弯车辆较多的主路路口等。

②减速让行

减速让行是指次路车辆在进入交叉口时必须减速观察,等候主路车辆优先通过交叉口,寻找可穿越或者汇入主路车流的安全"间隙"机会通过交叉口。与减速让行控制相比,停车让行控制的差异在于强制要求车辆必须完全停止一定间隔后方能通行。

(3)多向停车控制交叉口

多向停车控制又简称多路停车控制,进入交叉口的各路车辆均需先停车确认安全后再通过。多向停车让行控制标志通常设置于交叉口进口道右侧。多向停车控制设置主要依据交通安全和交通流量。

(4)信号控制交叉口

当交叉口车辆和行人流量均较大时,机动车驾驶员难以在冲突的交通流中选择到合适的间隙安全通过交叉口,此时需要采取交通信号控制的方式指导交叉口车辆和行人的正常通行。

交通信号控制最基本的形式是两相位信号控制,两相位信号控制交替地为两条相交道路所有流向车辆和行人分配路权。但是在两相位信号控制方式中,左转车流仍需在对向垂直车流中选择合适的间隙实现穿越。多相位信号控制中,通常通过设置左转车流保护相位,使左转车流拥有单独左转的路权,从而避免左转车流在穿过交叉口时与对向直行车流发生冲突。

(5)环形交叉口

环形交叉口通过在几条道路相交的交叉口中央设置圆岛或带圆弧形状的岛引导车流通行。进入交叉口的所有车辆均沿同一方向围绕圆岛行驶,经历由不同方向合流,接着沿同一方向交织,最后分向分流驶出的运行过程。环形交叉口能够避免不同行驶方向车流的直接交叉、冲突和大角度碰撞,从而实现交织车流连续、安全行驶。环形交叉口的特点是交叉口占地面积大,车流平均延误时间短,绕行距离长。

1.1.2 按相交道路条数及几何形状划分

(1)按相交道路条数

平面交叉口按相交道路条数可分为三路交叉口、四路交叉口和五路交叉口等。

(2)按几何形状

平面交叉口按几何形状可分为十字形交叉口、T 形交叉口、Y 形交叉口、X 形交叉口、多岔交叉口、错位交叉口及环形交叉口。

1.2 平面交叉口功能区

在对交叉口运行状况进行评价时,首先应确定研究范围。交叉口的研究范围应当覆盖整个交叉口功能区,包括所有相交道路的重叠部分(交叉口物理区)及其上游和下游车道的延伸,涵盖拓宽和渐变段以及非机动车道、人行道和过街设施,如图 1-1 所示。

1.2.1 平面交叉口功能区定义

机动车驾驶员在进入交叉口之后将会经历感知、反应、减速、排队、转向、加速等一系列复杂的过程。交叉口功能区则是这一系列复杂操作的空间范围,也是该交叉口对其相交道路的影响区域范围。

交叉口功能区范围内交通流运行状况通常较为复杂,频繁地发生着交通流的交织运行,产生合流、分流、交叉冲突,还伴随有大量穿越交叉口的非机动车和行人。交叉口功能区范围内的通行能力显著受到影响,远远低于路段,往往是整条道路系统的瓶颈。

另一方面,交叉口功能区范围内车辆速度差较大,交通冲突频率及严重程度通常显著高于其他地点,是交通事故的多发地带。因此交叉口及其功能区是整个道路交通系统设计分析的关键点,也是交叉口运行状况评价的重要研究区域。

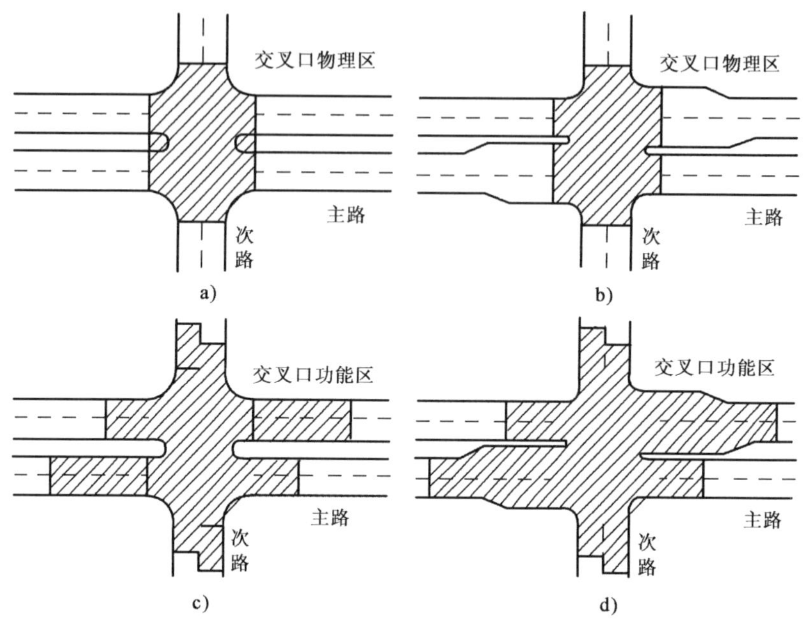

图 1-1　交叉口物理区及功能区

1.2.2　平面交叉口功能区范围界定

根据车辆进入和驶出交叉口的方向,交叉口功能区分为上游功能区和下游功能区。交叉口功能区的范围通过交叉口上、下游功能区的长度来界定。通常,交叉口上游功能区的长度大于下游功能区的长度。

(1)交叉口上游功能区

根据车辆进入交叉口后不同行驶阶段,交叉口上游功能区通常由三部分组成:驾驶员在感知—反应时间内行驶的距离(d_1);车辆减速和侧向移动的行驶距离(d_2);车辆的最大排队长度(d_3)。交叉口上游功能区长度为这三部分之和,如图 1-2 所示。

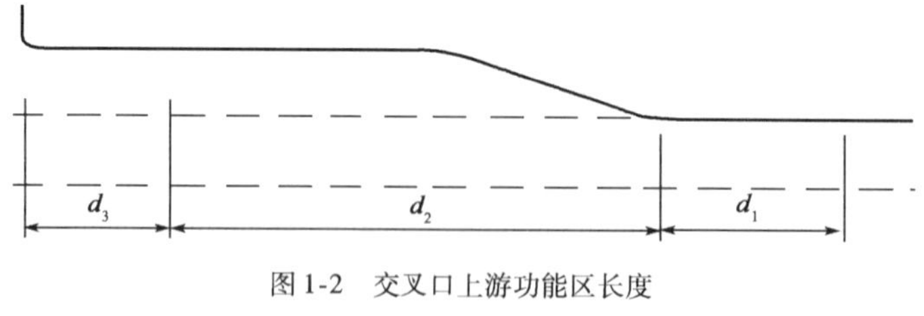

图 1-2　交叉口上游功能区长度

驾驶员在感知—反应时间内行驶的距离(d_1)取决于其感知—反应时间(t)和行驶速度(v)的乘积。通常情况下,车辆行驶速度与道路的设计行驶速度和交通量有关。感知—反应时间主要取决于驾驶员对道路交通状况的熟悉程度以及驾驶员的警觉程度。对道路环境和交通状况较为熟悉、警觉性较好的驾驶员,一般所需感知—反应时间较短。

交叉口高峰时段和非高峰时段的交通状况差别较大。与非高峰时段相比,高峰时段的交叉口具有更高的转弯交通量和较低的行驶车速。因此,在高峰时段,交叉口的上游功能区需要更长的距离以储存排队车辆,但所需要的感知—反应距离和减速及侧向移动距离则较短。所以,交叉口的上游功能区长度由高峰时段和非高峰时段的交通状况决定,取决于 $d_1+d_2+d_3$ 最大的时段。对于城市道路交通系统,交叉口上游功能区长度的确定需要同时分析高峰时段和非高峰时段的交通状况。

(2)交叉口下游功能区

交叉口下游功能区是人行横道往下游的延伸部分。下游功能区的长度应以保证通过交叉口车辆在遇到来自下游交叉口车辆冲突时能够安全停车为准则。因此,可以根据安全停车距离来确定交叉口下游功能区长度。计算公式如下:

$$d_{下游}=\frac{v}{3.6}t+\frac{v^2}{2g(\Phi \pm i)\times 3.6^2} \tag{1-1}$$

式中:v——车辆的行驶速度(km/h);

t——驾驶员的感知—反应时间(s);

g——重力加速度($g=9.8\text{m/s}^2$);

Φ——滑动摩擦系数;

i——坡度。

1.3 平面交叉口交通设计

1.3.1 设计内容

平面交叉口交通设计就是对交通设施的空间参数以及通行时间参数进行详

细的优化、评价和校核修正。设计内容包括机动车交通组织设计、非机动车交通组织设计、人行横道设计、交通控制方式确定等。

(1)机动车交通组织设计

机动车交通组织设计内容包括车道数、车道宽度、展宽段、展宽渐变段设计，其设计要点见表1-1。

机动车交通组织设计要点 表1-1

设计要点	设计说明
车道数确定	交叉口进口道车道数应较相连的上游路段车道数适当增加，具体数量应根据实际流量确定；出口道车道数至少应等同于路段车道数，当流入的右转车流设专用车道，且出口道车道数小于同时汇入交通流数时，应增设右转汇入车道
车道宽度	进口道车道宽度应在3m左右，车道过宽易发生小车变道与抢道；出口道车速较高，其车道宽度应大于3m，或与路段宽度一致
展宽段及其渐变段	展宽段长度应按一个周期最大停车排队数确定，展宽渐变段长度则应按设计车速和展宽横向偏移量计算确定
掉头车道	结合左转车道设计掉头车道，一般在停车线上游2m以上的位置设置掉头车道开口，并利用左转相位通行；也可设置在停车线上游，并利用相交道路直行相位通行

(2)非机动车交通组织设计

由于非机动车交通特性与机动车有较大区别，因此交叉口非机动车交通组织设计方式需要单独考虑，以避免非机动车与机动车同行时的相互干扰，提高交叉口的安全性。非机动车交通组织设计内容包括非机动车过街方式、停车线设置、信号控制方式等，其设计要点见表1-2。

非机动车交通组织设计要点 表1-2

设计方法	设计说明
左转二次过街	在直行机动车的通行空间外侧与人行横道之间留出空间，作为非机动车的过街横道，左转非机动车在对向的待行区等待第二次过街
机动车道设置双停车线(高峰及非高峰停车线)	高峰期间机动车停车线后移，前面的空间供自行车待行，既提高自行车的通行能力，又降低其对机动车的干扰
非机动车停车线前移	利用进口道前方空间，将自行车停车区前移，可提高自行车通行能力
非机动车绿灯早启	非机动车在绿灯初期流量大、密度高，提前将非机动车饱和流放行，可降低机非冲突，提高安全性和通行能力

(3)人行横道设计

人行横道设计内容包括人行横道位置、宽度及渠化形式。人行横道位置应在机动车与非机动车的通行空间确定之后设计，并考虑以下要点：

①右转机动车跨越的两相邻人行横道（当设非机动车过街横道时，应为非机动车横道）之间，应至少留有一辆标准车的长度，为右转机动车留出待行位置。

②左转机动车跨越的两相邻的人行横道（当设非机动车过街横道时，应为非机动车横道）之间，应能保证左转车的转弯半径。

③尽可能缩短行人在交叉口内步行距离。如人行横道超过一定长度，则应考虑设置中央驻足区及安全岛。

④人行横道及其两端不应有障碍物。

(4)交通控制方式确定

根据相交道路等级、流量及事故发生情况确定是否设置信号灯。如采用信号控制，则根据交叉口渠化方案和交通流量等确定控制方式及信号相位。控制方式包括信号控制、转弯禁止、人行横道线、限速标志、路口警告标志等。

交叉口信号控制配时设计主要确定信号周期、相位、相序、绿信比及相位衔接设计，其设计要点见表1-3。

信号配时设计要点 表1-3

配时设计要点	设计说明
相位的确定	现状多采用对称的相位，相位的组合原则，以某一向为主流，只要与之没有冲突的其他相位均可与之组合在一个相位内，相位数要尽可能少
相序的确定	相序的确定需要考虑与前后相位衔接时的平顺，尽量减少间隔、损失时间
最小绿灯时间	行人能够安全过街的最小时间，随相位、相序组合的不同而变化
信号灯的选取	根据相位组合的不同，选取最合适的信号灯装置

(5)交叉口内部空间处理

对于内部空间范围较大的交叉口应设计交通导流线，以引导车流运行。信号交叉口可考虑使用待行区设计以提高通行能力。交叉口内无车流经过的区域，应用标线加以渠化，使各股车流轨迹明确，有利于车辆安全行驶。

1.3.2 平面交叉口交通安全改善设计

当平面交叉口存在交通安全隐患时，常采用交通安全改善设计方案提高交叉口的安全性能。进行交通安全改善设计的目的是通过对交叉口时空资源的优化配置，使得交通参与者能够更加安全顺畅地通过交叉口。常用的交通安全改

善设计方案通常包括以下几个方面:

①明确各出行群体的路权,降低不同类型的出行者之间的混杂程度。

②降低驾驶员在交叉口操作的复杂程度。

③合理划分交叉口内部时空资源,减少交叉口冲突数或降低冲突严重程度。

④降低车辆之间的速度差。

⑤为弱势群体提供必要的安全设施等。

根据改善的内容,交通安全改善设计可分为几何设计改善、交通控制方式改善、交通组织管理改善和交通环境改善等,如图 1-3 所示。

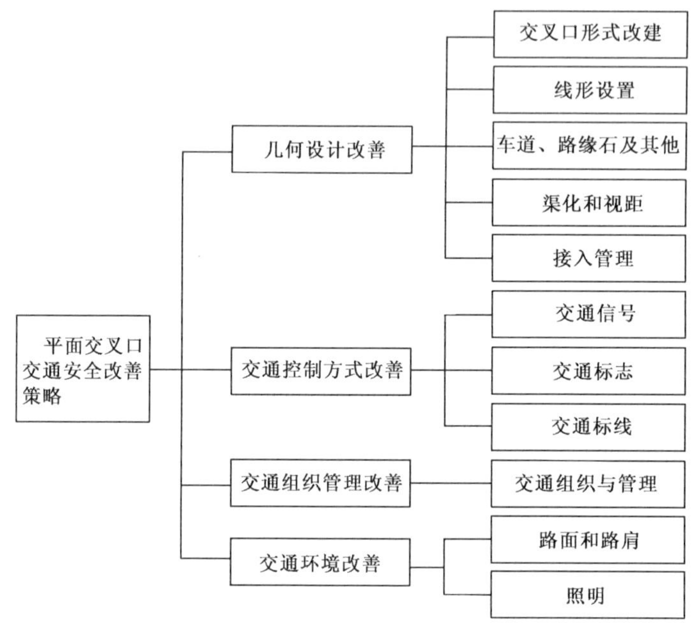

图 1-3　平面交叉口交通安全改善设计方案

(1)几何设计改善

交叉口几何设计改善方案包括:交叉口改建,如将十字形交叉口改建为两个错位的 T 形交叉口;交叉口线形设置改善;车道、路缘石改善,如增加左转或右转专用车道,将现有车道加长加宽,设置圆曲线形路缘石,设置中央分隔带;交叉口渠化和视距改善;采用接入管理技术等。

(2)交通控制方式改善

交叉口交通控制方式改善方案包括:交通标志改善,如设置悬臂式或悬挂式交通标志，增大交通标志尺寸，提高交叉口标志材料可见度，设置交叉口减速或限速标志等；交通标线改善，如设置道路中线、车道导向标线和车道分界线，增大路面标线尺寸，设置人行横道和非机动车标线，使用突起反光的路面标线等。

(3)交通组织管理改善

交叉口交通组织管理改善方案包括禁止车辆在红灯时右转，实施单向交通，禁止交叉口停车等。

(4)交通环境改善

交叉口交通环境改善方案包括路面、路肩条件改善(保证抗滑性、平整性、排水设施满足要求)，改善交叉口照明设施等。

1.4 平面交叉口交通设计评价指标

1.4.1 运行效率评价指标

常用的平面交叉口运行效率评价指标包括：通行能力及饱和度、延误及服务水平、行程时间、停车次数、停车率和油耗及排队长度等。各常用指标的定义见表1-4。

平面交叉口运行效率评价指标 表1-4

评价指标	定义
通行能力	在现有的道路、交通和信号设计条件下，某一指定进口道所能通过交叉口停车线的最大标准车辆数(pcu/h)
饱和度	交通量与通行能力之比
行程时间	车辆通过某一区间的实际通行时间
延误	驾驶员、乘客或行人花费的额外行程时间
控制延误	延误的组成部分，指信号控制引起的一个车道上的车辆减速或停车相对于不设信号控制条件下产生的延误。控制延误包括初始减速延误、排队移动时间、停车延误和最终加速延误
服务水平	道路使用者从道路状况、交通条件、道路环境等方面可能得到的服务程度或服务质量，不同服务水平意味着不同的道路、交通量条件以及经济安全等因素
停车率	交叉口每辆车的平均停车次数
排队长度	从信号交叉口停车线到上游排队车辆末端之间的距离，用排队车辆数表示

现有研究中,交叉口延误与饱和度是确定交叉口服务水平的最主要的指标。在交通设计项目经济效益评价中,运行效率的提升通常表现为延误的降低或出行时间的节省,而延误与通行能力、饱和度等指标相互关联,因而在运行效率评价指标中,本书主要分析交叉口通行能力与延误计算方法。

1.4.2 交通安全评价指标

交通安全评价方法可以分为直接评价方法和间接评价方法。交通安全直接评价以交通事故发生频率的期望值作为交通设施安全性的评价指标,是建立在交通事故统计资料基础上的安全评价方法,其应用依赖于完善的事故统计资料的积累。在不具备完善的事故统计资料的情况下,则采用交通安全间接评价法,即以各种交通事故替代指标来进行交通安全评价。事故替代指标包括交通冲突、交通冲突点、仿真交通冲突等。常用的交叉口交通安全评价指标定义见表1-5。

平面交叉口交通安全评价指标　　表1-5

评价指标	定　义
交通事故	交通事故是指车辆驾驶员、行人、乘车人以及其他在道路上进行与交通活动有关的人员,因违反《中华人民共和国道路交通管理条例》和其他道路交通管理法规、规章的行为,过失造成人身伤亡或财产损失事件。其评价指标为事故发生频率的期望值
交通冲突	两个或两个以上的道路使用者或道路使用者与道路构造物之间,在同一时间、空间上相互接近,如果其中一方采取非正常的交通行为,如转换方向、改变车速、突然停车等,除非另一方也相应采取避险行为,否则将会发生碰撞
交通冲突点	交叉口内各方向车流固定行驶轨迹的交汇点,其中左转车流产生的冲突点最多
仿真交通冲突	通过交通仿真软件微观仿真交叉口运行状况得到的冲突

在交通设计项目经济效益评价中,交通事故频次及严重程度是最常用的平面交叉口安全性评价指标。当交通事故数据难以获得时,可采用将交通安全替代指标进行安全性能评价,随后将交通安全替代指标转化为事故指标。

1.4.3 环境影响评价指标

随着全球经济的发展,汽车保有量逐年增加,交通对环境的污染也日益严重。交通设施的建设与发展不应仅考虑当代人的发展需要，还应保证不损害后代人的生存及发展。因此，环境影响评价不可或缺。交通对环境的污染主要有交通噪声、振动和废气等，对于平面交叉口，环境污染主要为车辆排放的尾气。

汽车尾气中危害较大的成分包括一氧化碳（CO）、碳氢化合物（HC）、氮氧化合物（NO_x）以及铅化合物等。车辆所处的运行状态不同，所排放的尾气成分也多不同。当发动机怠速时，一氧化碳（CO）排出量最多，减速情况下次之，匀速状态下最低；碳氢化合物（HC）排放量则在减速时最多，匀速时最低；氮氧化合物（NO_x）无论在加速或匀速时均很高。因此，通过改善车辆行驶的平顺性，可以有效地减少有害气体的排放。

表1-6为车辆在不同行驶条件下的废气排放情况。

车辆在不同行驶条件下的废气排放情况 表1-6

行驶条件	CO(%)	HC($\times10^{-6}$)	NO_x($\times10^{-6}$)
怠速	4.0~10.0	300~2000	50~1000
加速(0~40km/h)	0.7~5.0	300~600	1000~4000
匀速(40km/h)	0.5~4.0	200~400	1000~3000
减速(40km/h~0)	1.5~4.5	1000~3000	5~50

另一方面，汽车尾气中所含有的碳氢化合物和氮氧化合物在阳光的作用下将会发生化学反应，产生臭氧。臭氧能够和大气中的其他成分相结合作用产生光化学烟雾。光化学烟雾会极大地刺激人的眼睛，引起红眼病；刺激鼻喉、气管和肺部，引起慢性呼吸系统疾病；同时，光化学烟雾还能够导致树木枯死，农作物产量大减；降低大气的能见度，妨碍交通正常运行。

近年来，各国都对汽车尾气排放的控制做出了严格的要求，同时投入了大量的人力物力研究新的技术与措施，这在很大程度上减少了汽车尾气的排放。

1.4.4 能源消耗评价指标

汽车燃料目前主要包括汽油机（点燃式发动机）用燃料和柴油机（压燃式发动机）用燃料两大类这是当前汽车运行的主要动力来源。能源与发展是世界各国普遍关注的焦点问题。汽车制造商一方面通过不断完善发动机的燃烧系统，提高燃油使用效率，另一方面不断投入资金，研制节能、环保的代用燃料和汽车。就目前世界范围发展水平而言，应用最成功的代用燃料是液化石油气（LPG）和压缩天然气(CNG)。

虽然新能源的应用已逐步成为世界热门且重点研究的领域,但目前新能源汽车在现行交通环境中所占的比重依旧只是很小的一部分。因此,能源消耗评价的指标仍主要包括油耗量(机动车在满载时行驶单位里程所需燃油体积)、油行程(机动车满载时单位体积燃油所能行驶的里程)、燃油经济性等。

1.4.5 交通设计评价候选指标

将上述指标汇总,得到交通设计评价候选指标,如图 1-4 所示。以交通系统通畅、安全、节能减排与资源节约为目标,选择行程时间与延误作为运行效率评价指标,交通事故与交通冲突作为交通安全评价指标,一氧化碳(CO)、碳氢化合物(HC)、氮氧化合物(NO_x)排放量作为环境评价指标,油耗量、油行程、燃油经济性作为能耗评价指标,建设成本、维护成本及建设项目生命周期剩余价值作为经济评价指标,运用生命周期法进行平面交叉口交通设计项目经济有效性评价。

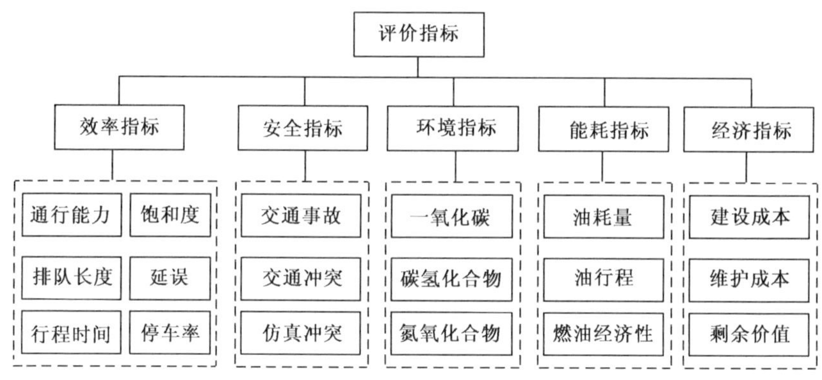

图 1-4 平面交叉口交通设计常用评价指标

1.5 本章小结

本章系统总结了平面交叉口的类型,定义了平面交叉口的功能区,简要归纳了交叉口交通设计要点,在此基础上以交通系统通畅、安全、节能减排与资源节约为目标,选择效率、安全、环境、经济等多个指标作为评价指标。其中效率评价指标包括通行能力、延误、行程时间等;安全评价指标包括事故数以及事故替代指标(如冲突)等;环境评价指标为各种类型的尾气排放;能耗评价指标包括油耗量等;经济评价指标包括设施建设成本及维护成本等。本章定义了交通设计评价的研究对象,是下文进行多目标综合评价的基础。

第2章 平面交叉口交通运行分析方法

随着机动化水平的提升,道路交通拥堵现象日益严重。高峰时期交通需求量大,交叉口作为城市道路网络的关键节点,往往成为制约整个路段乃至区域路网交通能力充分发挥的瓶颈。车辆在通过交叉口时需要经历加速、减速或停车等过程,由此产生不同程度的延误。车辆延误及车速变化使得车辆在交叉口处行驶时产生比在一般道路更多的尾气排放。另一方面,由于各方向的交通流在交叉口处不断地产生交叉、合流、分流冲突,交叉口成为道路交通事故的多发点。交叉口交通事故不仅造成人身财产的巨大损失,而且会影响道路交通网络功能的发挥,尤其在高峰时段,交叉口交通事故可能导致拥堵传播扩散甚至交通路网瘫痪的情况。

平面交叉口交通设计方式在很大程度上影响着交叉口的运行状况。分析不同的交通设计方式对于评价指标的影响是鉴别系统运行症结、改善交通运行状况的前提和关键。交叉口交通运行状况评价包括运行效率评价、交通安全评价和交通环境评价等多个方面。对于每一评价方面,现有评价方法大体可以分为两大类:一类是以交通流理论、排队论等为基础的理论分析模型,或以实测数据为基础的经验模型;另一类是以仿真工具为基础的模拟方法。本章从这两个方面系统总结了常用的交叉口运行效率、交通安全和尾气排放评价分析方法,框架结构如图2-1所示。

2.1 平面交叉口运行分析模型

2.1.1 运行效率评价

本节针对无控交叉口、主路优先控制交叉口和信号控制交叉口对现有运行效率评价方法进行总结归纳。

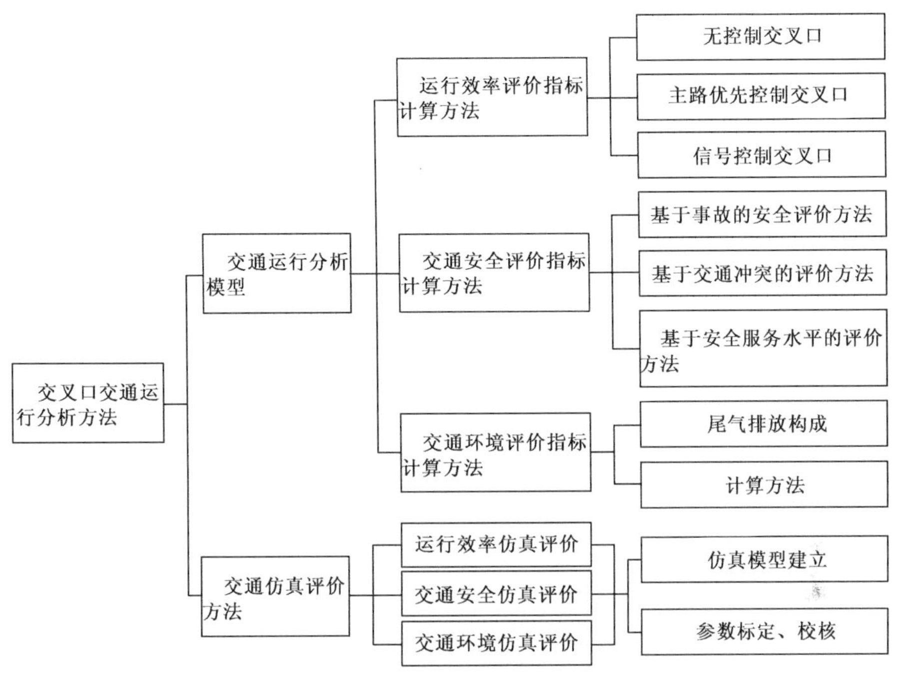

图 2-1 本章框架结构

1)无控交叉口

(1)机动车

在无控交叉口,车流不分主次或优先级别,高峰小时,车流以车队形式交替地穿插通过交叉口。无控交叉口的通行能力采用车队理论进行分析,该方法认为,当一股车流通行时,另一股车流到达车流需要排队。当正在通行的车流(称为 A 车流)出现可接受间隙时,另一股车流(称为 B 车流)开始通过交叉口,此时 A 车流开始排队,直至 B 车流出现可穿越间隙,A 车流方能继续通过。由此,两车流以车队形式交替行驶。

设 A 车流和 B 车流分别通过一个车队所需要的时间为 T_A 和 T_B,将两股车流分别通过一个车队所需的时间当作一个周期长度 T,则 $T = T_A + T_B$。通过交叉口的车队包括两部分,在前一个周期被延误的车辆以饱和流率通过交叉口,将其称为饱和流部分;随后通过的未受延误的车辆以非饱和流率通过,将其称为随机流部分。若已知饱和流部分和随机流部分车辆期望值分别为 N_A 和 N_B,相应

的通行时间分别为 T_S 和 T_U,由此可以得到:

$$N_A = N_{SA} + N_{UA} \tag{2-1}$$

$$N_B = N_{SB} + N_{UB} \tag{2-2}$$

$$T_A = T_{SA} + T_{UA} \tag{2-3}$$

$$T_B = T_{SB} + T_{UB} \tag{2-4}$$

式中:N_A、N_B——A 车流、B 车流中一个车队的期望值;

N_{SA}、N_{SB}——A 车流、B 车流饱和流车队的期望值;

N_{UA}、N_{UB}——A 车流、B 车流随机流车队的期望值;

T_{SA}、T_{SB}——A 车流、B 车流饱和流车队的通行时间;

T_{UA}、T_{UB}——A 车流、B 车流随机流车队的通行时间。

当 A 车流、B 车流依次通过交叉口时,两相交车道的通行能力可以按照车队长度与每小时能够通过的车队数的乘积计算,如下所示:

$$Q_A = N_A \cdot \frac{3600}{T} = \frac{3600N_A}{T_A + T_B} \tag{2-5}$$

$$Q_B = N_B \cdot \frac{3600}{T} = \frac{3600N_B}{T_A + T_B} \tag{2-6}$$

由此可得交叉口的总通行能力为:

$$Q = Q_A + Q_B = \frac{3600(N_A + N_B)}{T_A + T_B} \tag{2-7}$$

在无控交叉口,车流以车队形式交替地穿插通过,车队中饱和流部分产生延误,而随机流部分不受延误。A 车流、B 车流中受延误的车辆的比例分别为:

$$r_A = \frac{N_{SA}}{N_A} \tag{2-8}$$

$$r_B = \frac{N_{SB}}{N_B} \tag{2-9}$$

无控交叉口车辆运行规则类似于信号控制交叉口,各车流所受延误可以采用修正的 Webster 延误模型进行计算:

$$d_A = 0.9\left[\frac{Q_{SA}{T_B}^2}{2T(Q_{SA} - q_A)} + \frac{q_A T^2}{2Q_{SA}T_A(Q_{SA}T_A - q_A T)}\right] \tag{2-10}$$

$$d_B = 0.9\left[\frac{Q_{SB}{T_A}^2}{2T(Q_{SB} - q_B)} + \frac{q_B T^2}{2Q_{SB}T_B(Q_{SB}T_B - q_B T)}\right] \tag{2-11}$$

式(2-10)和式(2-11)前半部分为假设车辆均匀到达求得的平均延误,后半部分是根据定长服务时间的 M/C/1 排队模型求得的车辆随即到达附加延误。

(2)行人

无控交叉口行人延误通常根据可接受间隙理论计算:

$$P_{b}=1-e^{\frac{-t_{c,G}v}{L}} \tag{2-12}$$

$$P_{d}=1-(1-P_{b})^{L} \tag{2-13}$$

式中:P_{b}——冲突方向有机动车到达的概率;

P_{d}——行人被延误的概率;

L——行人需要穿越的车道数;

$t_{c,G}$——临界穿越间隙(s);

v——机动车流率(pcu/s);

所有行人平均延误(d_{g})以及发生延误的行人平均延误(d_{gd})分别为:

$$d_{g}=\frac{1}{v}(e^{t_{c,G}v}-t_{c,G}v-1) \tag{2-14}$$

$$d_{gd}=\frac{d_{g}}{P_{d}} \tag{2-15}$$

考虑到行人通过交叉口时,可能存在机动车对行人让行的情况,因此需要对上述模型进行修正。

$$d_{p}=\sum_{i=1}^{n}h(i-0.5)P(Y_{i})+[P_{d}-\sum_{i=1}^{n}P(Y_{i})]d_{gd} \tag{2-16}$$

式中:d_{p}——修正后的行人平均延误(s);

n——Int(d_{gd}/h),行人在获得临界穿越间隙前机动车间隙数,$i=1,2,\cdots,n$;

h——每车道平均车头时距(pcu/s);

$P(Y_{i})$——行人第 i 次穿越时被让行的概率。

(3)非机动车

无控交叉口非机动车延误可参照行人延误计算方法。

2)主路优先控制交叉口

(1)机动车

主路优先控制交叉口运行效率评价理论以可接受间隙理论为基础。在主路优先控制交叉口，主路车流通过交叉口时无须等待或让行，而次路车流需在主路车流中寻找可接受间隙。设主路车流流量为 V_p，次路车流流量为 V_n，当主路车流中两辆车的车头时距大于 t_c（临界间隙）时，次路车流方能进入冲突区域，次路车流中前车离开 t_f（跟车时间）后，下一辆车方能进入冲突区域。

假设 $g(t)$ 为主路车流车头时距为 t 时车流通过交叉口的数量，$f(t)$ 为主路车流间隙分布的概率密度函数，则次路车流通行能力可采用下式进行计算：

$$c_n = V_p \int_{t=0}^{\infty} f(t) g(t) \, dt \tag{2-17}$$

假设主路车流车头时距服从负指数分布，则次路车流通行能力可表达为：

$$c_n = V_p \frac{e^{-V_p t_c}}{1 - e^{-V_p t_f}} \tag{2-18}$$

式中：c_n——次路交通流的通行能力（pcu/h）；

V_p——主路流率（pcu/h）；

t_c——次路交通流的临界间隙（即允许次路交通流一辆车进入交叉口的最短时间）（s）；

t_f——次路交通流的跟车时间（即在连续队列行进条件下，次路相邻两车离开的时间差）（s）。

在主路优先交叉口，主路车辆的运行不受控制，延误可视为0。次路车流需让行主路车流，产生的延误可采用排队理论和经验法获得。在既有研究中较为常用的延误计算模型包括以下几类。

①Harders 模型。

Harders 提出一种非优先车流的延误的模型，其公式如下：

$$d = \frac{1 - e^{-(V_p t_c - V_n t_f)}}{C_n - V_n} + t_f \tag{2-19}$$

Harders 模型是根据排队理论推导得到的延误近似解，公式形式较为简单。

②M/G/1 排队模型。

$$d = \frac{1}{C_n}\left(1 + \frac{x}{1 + x} C\right) \tag{2-20}$$

$$C = \frac{1 + C_w^2}{2} \tag{2-21}$$

如果车辆进入交叉口排队服从定长服务，即每辆车在第一排队车位都花费相同的时间，则 $C_w=0$，$C=0.5$，这是一个 M/D/1 排队形式。

如果车辆进入交叉口排队服从随机服务，即每辆车在第一排队车位花费的时间服从指数分布，则 $C_w=1$，$C=1.0$，这是一个 M/M/1 排队形式。

③HCM 推荐方法。

运用时间相关解法和使用坐标转换方法，可近似得出式(2-22)：

$$d=\frac{1}{C_n}+\frac{T}{4}\left[(x-1)+\sqrt{(x-1)^2+\frac{8x}{C_nT}}\right] \tag{2-22}$$

用式(2-22)估计平均延误，取决于初始队长、运行时间、饱和度、稳态方程系数，方程结果为近似解，但能够便捷地估算非饱和条件和不同队长情况下的平均延误。通行能力的大小是反映道路条件、交通条件、环境条件对车流影响的较为综合的参数，通行能力的影响因素对延误将会产生同样的影响。

④经验模型。

1991 年，Kyte 依据实测数据建立了一个延误与储备通行能力的经验关系模型：

$$d=\beta_1 e^{-\beta_2(C_n-V_n)} \tag{2-23}$$

式中：β_1、β_2——回归系数，根据各观测点的数据进行拟合统计分析，近似得出 $\beta_1=55.74$，$\beta_2=0.0014$；

C_n-V_n——支路的储备通行能力(pcu/h)。

在相同道路条件及交通组成下，当交叉口交通量很小时，延误较小；随着交通量的增大，延误迅速增加；当交通量达到一定程度后，延误急剧增长，服务水平急剧下降，交通量也趋于稳定或降低。

(2)非机动车及行人

主路优先控制交叉口非机动车及行人延误可参照无控交叉口机动车及行人延误计算方法。

3)信号控制交叉口

信号控制交叉口运行效率指标计算方法以交通流理论为基础。其中，通行能力是分析信号控制交叉口交通状况以及进行交叉口信号配时设计与评价的基础，延误与排队长度是决定信号交叉口服务水平以及燃油消耗与排放量计算的主要因素。

(1)机动车

信号控制交叉口车道通行能力是指某一信号相位的车流通过交叉口的最大允许能力。通行能力是以饱和流率概念为基础进行计算的。其中,饱和流量是指在一次连续的绿灯信号时间内,进口道上一列连续车队能通过进口道停车线的最大标准小汽车流量(辆/绿灯小时)。其计算方法如下:

$$S_i = S_0 \cdot (f_1 \cdots f_n) \tag{2-24}$$

式中:S_i——车道 i 的饱和流率[pcu/(h · lane)];

S_0——每车道基本饱和流率[pcu/(h · lane)];

f_n——各类校正系数。

指定车道或进口道的通行能力可表示为饱和流量与绿信比的乘积,即:

$$c_i = S_i \cdot \frac{G_e}{C} \tag{2-25}$$

式中:c_i——车道 i 的通行能力[pcu/(h · lane)];

G_e——有效绿灯时间(s),即相位显示绿灯时间减去车辆启动损失时间再加上黄灯时间;

C——周期时长(s)。

车辆在交叉口的延误时间主要取决于车道通行能力和车辆到达率。假设交叉口信号配时为固定配时,信号交叉口控制延误包括三部分:均衡延误(Uniform Delay)、增量延误(Incremental Delay)及初始排队延误(Initial Queue Delay)。其中,均衡延误是假定车辆均匀到达情况下会产生的延误,它的计算方法以交通流流体理论为基础,将到达率、消散率均视为常数;增量延误是由车辆的非均匀到达、随机延误以及持续过饱和情形引起的延误,其计算方法以稳态排队理论为基础;初始排队延误是由于前一个分析时段剩余车辆形成当前分析时段开始的初始排队而产生的延误,该延误是清空初始排队车辆额外的时间。控制延误可由以下公式计算得到:

$$d = d_1(\mathrm{PF}) + d_2 + d_3 \tag{2-26}$$

式中:d——控制延误(s/pcu);

d_1——均匀延误(s/pcu);

d_2——增量延误(s/pcu);

d_3——初始排队延误(s/pcu);

PF——信号联动修正系数。

一般情况下,车辆到达率和交叉口通行能力是随时间而变化的,但在一个较长的时间段内,总的交通状况(车辆平均到达率和各进口的通行能力)可以视为基本稳定。均衡延误是在假设车流处于不饱和状态,并且车辆到达率和通行能力均为常数的情况下进行计算的,此时车辆受信号阻滞所产生的延误和车辆到达率是一种线性关系,并且在所研究的时间段内保持不变。基于这一假设,均衡延误可根据式(2-27)进行计算:

$$d_1 = 0.5C\frac{\left(1-\frac{G_e}{C}\right)^2}{1-\left(X\cdot\frac{G_e}{C}\right)} \tag{2-27}$$

式中:X——车道组 v/c 比(也作饱和度);

C——信号周期长度(s);

G_e——车道组的有效绿灯时间(s)。

式(2-27)是基于车辆到达率为常数的情况下假定得到的,但实际上,车辆到达率在一个周期与另一个周期之间是随机波动的。韦伯斯特(Webster)首先应用模拟方法给出随机波动情况下车辆平均延误计算公式:

$$d = \frac{C\left(1-\frac{G}{C}\right)^2}{2\left(1-\frac{q}{S}\right)} + \frac{X^2}{2q(1-X)} - 0.65\left(\frac{C}{q^2}\right)^{\frac{1}{3}}X^{2+5\left(\frac{G}{C}\right)} \tag{2-28}$$

式中:d——每辆车的平均延误(s);

C——周期时长(s);

G——有效绿灯时间(s);

X——饱和度;

q——到达率(pcu/h)。

式(2-28)中,第一项表示车辆到达率为恒定值时产生的正常相位延误,第二项和第三项表示车辆的到达率随机波动时产生的附加延误时间。当饱和度较低时,第二项和第三项所占的比重很小;随着饱和度的增加,第二、三项对计算结果的影响越来越大。

此后,Miller 和 Akcelik 也提出了类似的延误计算公式。Miller 的公式如下所示：

$$d=\frac{\left(1-\frac{G}{C}\right)}{2\left(1-\frac{q}{S}\right)}\left[C\left(1-\frac{G}{C}\right)+\frac{2Q_0}{q}\right] \tag{2-29}$$

式中：Q_0——平均过饱和排队车辆数（即在整个计算时间内由于个别周期过饱和以致绿灯时间结束时仍然滞留在停车线后的车辆数），其计算公式如下：

$$Q_0=\frac{\exp[-1.33\sqrt{Sq(1-X)X}]}{2(1-X)} \tag{2-30}$$

Akcelik 的公式为：

$$d=\frac{C\left(1-\frac{G}{C}\right)^2}{2\left(1-\frac{q}{S}\right)}+\frac{Q_0X}{q} \tag{2-31}$$

$$D=\frac{qC\left(1-\frac{G}{C}\right)^2}{2\left(1-\frac{q}{S}\right)}+Q_0X \tag{2-32}$$

式中：S——饱和流量；

D——全部车辆延误时间总和。

Q_0计算公式如下：

$$Q_0=\begin{cases}\frac{1.5(X-X_0)}{1-X} & X>X_0\\ 0 & X\leqslant X_0\end{cases} \tag{2-33}$$

$$X_0=0.67+\frac{Sq}{600} \tag{2-34}$$

Akcelik 将其提出的延误公式与 Webster、Miller 的延误公式相对比，发现计算结果差异甚微，均在 1s 左右甚至更低。但从具体应用来看，Akcelik 的公式应用较为简单，相对更容易被采用。

国内学者在上海、杭州等城市进行了延误调研，通过实测数据得到交叉口延误公式基本形式如下：

$$d=\frac{1}{60}e^{\frac{K_1Q}{K_2S}} \tag{2-35}$$

式中：d——信号交叉口机动车延误；

Q——机动车和自行车路段总流量(pcu/h)；

S——进口道通行能力；

K_1——待定系数；

K_2——校正系数。

(2)非机动车

信号交叉口非机动车道通行能力同样以饱和流率的概念为基础，计算公式如下：

$$c_b = S_b \cdot \frac{G_b}{C} \tag{2-36}$$

式中：S_b——非机动车饱和流率(pcu/h)；

c_b——非机动车道的通行能力(pcu/h)；

G_b——有效绿灯时间(s)；

C——周期时长(s)。

延误可通过下式计算：

$$d_b = 0.5C \frac{\left(1 - \frac{G_b}{C}\right)^2}{1 - \min\left(\frac{v_{bic}}{c_b}, 1.0\right)\frac{G_b}{C}} \tag{2-37}$$

式中：d_b——非机动车延误(s/pcu)；

v_{bic}——非机动车流率(pcu/h)。

(3)行人

信号交叉口行人延误计算公式如下：

$$d_p = \frac{(C - G_{walk})^2}{2C} \tag{2-38}$$

式中：d_p——行人延误(s/人)；

G_{walk}——有效步行时间(s)。

2.1.2 交通安全评价

1)交通安全评价概述

道路交通事故不仅严重影响着交通系统的正常运行，同时威胁着交通参与者的人身及财产安全,造成了巨大的经济损失。发生在交叉口的交通事故在所有事故中占很大一部分比例。

(1)交通安全

交叉口的安全性取决于"人—车—路"系统的平衡状况。对交叉口安全性的评价可以从客观安全性和主观安全性两个方面进行,其中,客观安全性是指道路交通设计为出行者提供的出行环境的安全程度,而主观安全性反映道路用户对道路设施的认知和判断水平。具体定义如下。

客观安全性:道路交通基础设施按照一定的技术标准或规范设计所具备的安全服务水平,由道路几何设计参数、路面设施状况及道路环境特征等要素确定。我国道路设计的主要技术指标是在一定行车速度条件下确定的,保证道路具备一定的客观行车条件。

主观安全性:道路使用者对交通运行环境的安全性认知水平,是驾驶员通过认知道路路域内各要素的综合信息而得到的行驶安全感觉,即其受不同的信息刺激,经认知、判断后产生的一种心理—生理反应。由于驾驶员个体之间认知与判断能力的差异,不同的出行者会给出不同的主观安全性评价值。

对于技术特征相同的路段,不同的道路使用者会产生不同的安全性感受。如果机动车驾驶员的主观安全性高于客观安全性,其驾驶行为往往具有较高的危险;如果驾驶员的客观安全性与主观安全性相适应,驾驶员的行车安全性能够在一定程度上得到保障;如果驾驶员的客观安全性高于主观安全性,道路基础设施安全性往往由于过于充裕而造成一定程度的浪费,甚至可能"鼓励"驾驶员的非法交通行为。

(2)交通安全评价

国内外许多研究机构对交通安全评价提出了不同定义,例如,世界道路协会道路安全委员会(PIARC)对安全评价的定义是"安全评价是应用系统方法,是将道路交通安全的知识应用到设施的规划和设计等各个阶段,以预防交通事故";英国运输部(DTP)对交通安全评价的定义为"交通安全评价是直接影响使用者安全的组成元素和其他相关因素的评价,通过交通安全评价预测潜在的道路安全问题,解决潜在的危险";美国交通工程师协会(ITE)将交通安全评价定义为"由独立的、合格的评价者对已建的或拟建的交通项目或其他相关项目做出审查,评价交通项目的安全性和潜在事故发生的可能性"。

上述有关交通安全评价的定义在本质上是一致的，将其归纳总结，所谓的交通安全评价就是指以保证道路使用者的安全性为目的，从降低交通事故发生的可能性和严重程度出发，对交通系统所进行的全方位的安全性评价。交叉口交通设计安全性评价是预防因不合理的交通设计而导致交通事故发生、提高交叉口交通安全性能的一种重要手段。交叉口交通设计安全性评价既可以针对待实施的交通项目，分析不同的设计方式对交叉口安全性的影响，找出存在的安全问题或潜在的安全隐患，从而选择最优的设计方案，也可以对已实施的交通项目做改善后评价，分析项目的实施效果，并进一步对项目进行调整，从而保证交通项目在全生命周期内都为道路使用者提供可靠的交通安全服务。

常用的交通安全评价方法包括基于事故的交通安全评价方法、基于冲突的交通安全评价方法和基于安全服务水平的交通安全评价方法。本章系统总结这三类评价方法的理论基础和评价思路。

2）基于交通事故的安全评价方法

交通安全直接评价方法以交通事故数据（事故频次、死亡人数、受伤人数及直接经济损失等）为基础。按照我国相关法律的规定，道路交通事故是指车辆在道路上的行驶途中因过错或者意外造成的人身伤亡或者财产损失的事件。它主要包括四个要素：①在道路上；②车辆与人、车辆与车辆；③存在过错或意外；④造成人身伤亡和财产损失。交通事故是反映交通安全状况的最直观的结果和表现形式。常用的交通事故评价指标包括：事故频次、万车事故率、十万人口事故率等。

（1）事故预测模型

1988 年，Hauer 根据信号交叉口事故发生前的车辆运行轨迹（共 15 种冲突类型）建立了事故预测模型，典型公式如下：

$$N_{spf} = b_0 (F_1)^{b_1} (F_2)^{b_2} \tag{2-39}$$

式中：N_{spf}——预测事故数；

F_1、F_2——相冲突的两股交通流的流量；

b_0、b_1、b_2——拟合系数。

随后，国内外许多学者提出了不同形式的事故预测方程。《道路交通安全手册》（2010）系统总结了现有研究成果，针对信号控制交叉口和无信号控制交叉口分别提出了相应的事故预测模型，其基本形式如下：

$$N_{spf} = \exp[a + b \times \ln(\mathrm{AADT}_{maj}) + c \times \ln(\mathrm{AADT}_{min})] \tag{2-40}$$

或

$$N_{spf} = \exp[a + d \times \ln(AADT_{total})] \tag{2-41}$$

式中：N_{spf}——预测事故数；

$AADT_{maj}$——主路交通量；

$AADT_{min}$——次路交通量；

$AADT_{total}$——主、次路总流量；

a、b、c、d——回归系数。

式(2-39)~式(2-41)中，交叉口基本情况下的事故预测方程(Safety Performance Function, SPF)是根据一系列特征相似的交叉口的事故数与交通流量统计数据建立的回归方程，其应变量为事故频次，反映变量为主次道路交通流量。HSM针对不同类型的交叉口给出了不同的基本情况下的事故预测模型，模型中事故数假设服从负二项分布。在事故预测模型基础上，《道路交通安全手册》提出了不同设计方式下的事故修正系数，模型修正公式如下：

$$N_{predicted} = N_{spf} \times (CMF_1 \times CMF_2 \times \cdots \times CMF_y) \times C_x \tag{2-42}$$

式中：$N_{predicted}$——交叉口的预测事故数；

N_{spf}——由事故预测模型得到的基本情况下的交叉口预测事故数；

CMF_y——交叉口几何设计及交通控制方式相关事故修正系数；

C_x——针对实际交通情况下的修正系数。

事故修正系数(Crash Modification Factor, CMF)反映的是不同交叉口几何设计及交通控制方式对于交叉口预测事故的累积影响，如车道配置、照明条件等。修正系数(C_x)反映的则是区域地理特征、事故统计方式等对于交叉口预测事故数的影响，其标定方式如下：

$$C_x = \frac{\sum 观测事故数}{\sum 预测事故数} \tag{2-43}$$

当事故数可得时，HSM建议采用经验贝叶斯(Emperical Bayes, EB)方法将预测事故数与观测事故数相结合，以消除均值回归现象(Regression-to-the-mean, RTM)对于估计结果的偏差。经验贝叶斯法是将预测事故数与观测事故数加权求和，其权重与过离散参数(Overdispersion Parameter)k相关，该值可在标定基本方程参数时通过极大似然法估计得到，k越接近0，表示事故预测方程越可靠。

通过经验贝叶斯方法修正的期望事故频次计算公式如下：

$$N_{\text{expected}} = w \times N_{\text{predicted}} + (1 - w) \times N_{\text{observed}} \tag{2-44}$$

$$w = \frac{1}{1 + k \times \sum_{\text{all study years}} N_{\text{predicted}}} \tag{2-45}$$

式中：N_{expected}——交叉口期望事故数；

N_{observed}——交叉口观测事故数；

k——过离散参数；

w——交叉口预测事故数的权重。

根据式(2-45)，k 越大，w 越小，预测事故数在期望事故中占的比例越小。

(2)交通安全改善评价方法

①事前—事后分析法。

事前—事后分析法是一种用于分析交通设计改善措施有效程度的交通安全评价方法。假设事故数服从泊松分布，这一方法的思路是分析“改造前”和“改造后”在某一时间段内的期望事故数有无显著差异。

为进行具体分析，引入两个基本参数 π 和 λ：

π——如不进行改造，在某一时间段内将会发生的事故频次，π 可通过预测得到。

λ——经过改造后，在某一时间段内发生的事故频次，λ 可通过估计得到。

为评价改善效果，引入参数 δ 和 θ：

$\delta = \pi - \lambda$，表示改造后事故的减少频次。

$\theta = \lambda / \pi$，表示改造后的“效率指数”。当 $\theta < 1$ 时，认为改造有效；反之，则认为改造无效。也可用 $1 - \theta$ 表示事故频次的减少率。

π、λ、δ 和 θ 是根据已有的观测数据经预测和估计得到。以 $\hat{\pi}$、$\hat{\lambda}$、$\hat{\delta}$ 和 $\hat{\theta}$ 表示 π、λ、δ 和 θ 相应的随机分布，则各值的精确度不仅与原始数据的精确度有关，而且与样本的数量有关。

假定交通事故的发生服从泊松分布，即 π 和 λ 服从泊松分布。由泊松分布的性质可得到其期望值(E)和方差(δ^2)。

$$E(\hat{\pi}) = \pi ; \sigma^2(\pi) = \pi \tag{2-46}$$

$$E(\hat{\lambda}) = \lambda ; \sigma^2(\lambda) = \lambda \tag{2-47}$$

由 $\delta = \pi - \lambda$ 得 $\hat{\delta}$ 的期望值和方差为：

$$E(\hat{\delta}) = E(\hat{\pi}) - E(\hat{\lambda}) \tag{2-48}$$

$$\sigma^2(\hat{\delta}) = \sigma^2(\hat{\pi}) + \sigma^2(\hat{\lambda}) \tag{2-49}$$

尽管 $\theta = \lambda/\pi$，且 π 和 λ 是 $\hat{\pi}$ 和 $\hat{\lambda}$ 的无偏估计，但 $\hat{\theta} = \hat{\lambda}/\hat{\pi}$ 并非 $\hat{\theta}$ 的无偏估计。

因此，采用 θ 的无偏估计，得

$$\theta^* = \left(\frac{\lambda}{\pi}\right) \times \frac{1}{1 + \frac{\sigma^2(\hat{\pi})}{\pi^2}} \tag{2-50}$$

代替 $\theta = \lambda/\pi$，由此求得 $\hat{\theta}$ 的期望和方差为：

$$E(\hat{\theta}) = \frac{\frac{E(\hat{\lambda})}{E(\hat{\pi})}}{1 + \frac{\sigma^2(\pi)}{E^2(\pi)}} \tag{2-51}$$

$$\sigma^2(\hat{\theta}) = \theta^2 \times \frac{\frac{\sigma^2(\hat{\lambda})}{\lambda^2} + \frac{\sigma^2(\hat{\pi})}{\pi^2}}{\left[1 + \frac{\sigma^2(\hat{\pi})}{\pi^2}\right]^2} \tag{2-52}$$

②横断面分析法。

横断面分析法(Cross-section Studies)是通过比较同一时间段内“改善点”与“未改善点”事故数据差异来评价交通安全改善措施的改善效果，“改善点”与“未改善点”除是否经过交通安全改造之外，其余特征相似。由此，改善效果可表示为“改善点”与“未改善点”期望事故频次的比值，即事故修正系数(CMF)。

在实际研究中，通常很难找到两类除是否经过交通安全改造之外，其余特征非常相似的研究点，因而，研究中常通过建立事故频次与影响因素之间的回归模型，从而间接求得一定条件下的期望事故数。模型中，应变量为事故频次，自变量为研究点的特征参数，如主次路年平均交通量等。

(3)基于荟萃分析的事故修正系数计算方法

《道路交通安全手册》(HSM 2010)及美国联邦公路管理局(FHWA)开发的CMF Clearinghouse 网站系统总结了不同交通设计方式对预测事故数的影响系数，即事故修正系数(CMF)。CMF 表示因为使用某种设计方式而使得期望事故

数变化的百分比,CMF <1 表示该设计方式有利于提高交叉口交通安全性能,反之,CMF >1 则表示该设计方式对交通安全有负面影响,其计算方式如下。

$$\theta(a,b)=\frac{\mu_a}{\mu_b} \tag{2-53}$$

式中:μ_a、μ_b——使用设计方案 a、方案 b 情况下的期望事故数;

$\theta(a,b)$——将方案 b 改为方案 a 的期望事故数影响系数。

由此,计算某一设计方案的影响效果即转化为求对 $\theta(a,b)$ 的估计。

$$\hat{\theta}(a,b)=\frac{\hat{\mu}_a}{\hat{\mu}_b} \tag{2-54}$$

式中:$\hat{\mu}_a$、$\hat{\mu}_b$——对 μ_a、μ_b的估计;

$\hat{\theta}(a,b)$——对 $\theta(a,b)$的估计。

近年来,许多学者开展了对于不同设计方式事故影响系数的研究。因此,对于某种改善方案,可能存在两个或以上关于 $\theta(a,b)$(以下简写为 θ)的估计。不同的研究结果之间存在差异,这些差异是由两方面的因素造成的。首先,在不同的交叉口使用同样的改善措施,其实施效果本身存在差异,这类差异随研究对象的不同而变化。除此之外,θ 值还受到分析方法、数据来源、样本量大小等因素的影响,不同研究得到的结果与各自真实值之间亦存在差异。

因此,Hauer 提出,事故修正系数应为随机变量,而并非在任何情况下都是固定的常数。采用 $E\{\theta\}$ 表示 θ 的期望值,$\sigma\{\theta\}$ 表示 θ 的标准偏差。对于每一个研究,都可以得到对于 θ 的一次估计,即得到一组均值 $E\{\theta_i\}$ 和标准差 $\sigma\{\theta_i\}$。当存在多个研究结果时,采用 $\bar{\theta}$ 和 $s\{\bar{\theta}\}$ 表示对 $E\{\theta\}$ 的均值和标准误差的估计。其中,$\sigma\{\theta\}$ 表示 CMF 因研究对象不同而产生的真实值之间的差异,$s\{\bar{\theta}\}$ 表示估计值与真实值之间的差异。$\sigma\{\theta\}$ 和 $s\{\bar{\theta}\}$ 越小,采用式(2-54)计算将方案 b 改为方案 a 的事故数影响系数则越可靠。因此,当针对同一种改善方案存在两个以上关于 θ 的估计时,应采用科学的统计方法,降低 θ 估计值的标准差。

荟萃分析方法(Meta-analysis)是一种将不同的研究结果集成的统计方法,该方法可以用来估计多个 θ 值存在时的事故修正系数。根据研究数据的可得性,可以分为两种方法。方法一只需获知各研究关于 θ 的各个估计的均值与标准差,计算简便;方法二是在各研究原始事故数据可得情况下推导得出的对 $\bar{\theta}$ 的更准确的估计。其具体计算方法如下。

①方法一。

假设根据既有研究得到一系列关于 $\theta(a,b)$ 的估计 $\hat{\theta}_1,\hat{\theta}_2,\cdots,\hat{\theta}_i,\cdots,\hat{\theta}_n$，以及相应的标准差 $\pm s_1,\pm s_2,\cdots,\pm s_i,\cdots,\pm s_n$，$\bar{\theta}$ 则为这些估计值的加权平均值，即它们的线性组合：

$$\bar{\theta}=\sum_{i=1}^{n}\frac{w_i}{\sum_{i=1}^{n}w_i}\hat{\theta}_i \tag{2-55}$$

其中 w_i 是第 i 个估计值的权重。相应方差为：

$$\hat{\mathrm{Var}}\{\bar{\theta}\}=\sum_{i=1}^{n}\left(\frac{w_i}{\sum_{i=1}^{n}w_i}\right)^2\mathrm{Var}\{\hat{\theta}_i\} \tag{2-56}$$

当 w_i 与 $1/\mathrm{Var}\{\hat{\theta}_i\}$ 成比例时方差最小，此时 $\hat{\theta}_1,\hat{\theta}_2,\cdots,\hat{\theta}_i,\cdots,\hat{\theta}_n$ 的加权平均值为：

$$\bar{\theta}=\sum_{i=1}^{n}\frac{\dfrac{1}{\mathrm{Var}\{\hat{\theta}_i\}}}{\sum_{i=1}^{n}\dfrac{1}{\mathrm{Var}\{\hat{\theta}_i\}}}\hat{\theta}_i=\sum_{i=1}^{n}\frac{\dfrac{1}{s_i^2}}{\sum_{i=1}^{n}\dfrac{1}{s_i^2}}\hat{\theta}_i \tag{2-57}$$

方差为：

$$\hat{\mathrm{Var}}\{\bar{\theta}\}=s^2\{\bar{\theta}\}=\frac{1}{\sum_{i=1}^{n}\dfrac{1}{s_i^2}} \tag{2-58}$$

式(2-57)与式(2-58)是用于计算关于 $\theta(a,b)$ 的估计的均值与方差的较为简便的方法。使用该方法只需获知关于 $\theta(a,b)$ 的各个估计的均值与标准差。在此基础上，若能获得每个研究的原始数据，则可以推导得出对于 $\bar{\theta}$ 的更准确的估计。

②方法二。

假设对于每个研究，$\hat{\mu}_{\mathrm{a}}$、$\hat{\mathrm{Var}}\{\hat{\mu}_{\mathrm{a}}\}$、$\hat{\mu}_{\mathrm{b}}$ 及 $\hat{\mathrm{Var}}\{\hat{\mu}_{\mathrm{b}}\}$ 均为已知，由此可得：

$$\hat{\theta}(a,b)\cong\frac{\dfrac{\hat{\mu}_{\mathrm{a}}}{\hat{\mu}_{\mathrm{b}}}}{1+\dfrac{\hat{\mathrm{Var}}\{\hat{\mu}_{\mathrm{b}}\}}{\hat{\mu}_{\mathrm{b}}^2}}\cong\frac{\hat{\mu}_a}{\hat{\mu}_{\mathrm{b}}} \tag{2-59}$$

$$\mathrm{Var}\{\hat{\theta}(a,b)\}\cong\hat{\theta}^2\left[\frac{\dfrac{\hat{\mathrm{Var}}\{\hat{\mu}_{\mathrm{a}}\}}{\hat{\mu}_{\mathrm{a}}{}^2}+\dfrac{\hat{\mathrm{Var}}\{\hat{\mu}_{\mathrm{b}}\}}{\hat{\mu}_{\mathrm{b}}{}^2}}{\left(1+\dfrac{\hat{\mathrm{Var}}\{\hat{\mu}_{\mathrm{b}}\}}{\hat{\mu}_{\mathrm{b}}{}^2}\right)^2}\right]\cong\hat{\theta}^2\left(\frac{\hat{\mathrm{Var}}\{\hat{\mu}_{\mathrm{a}}\}}{\hat{\mu}_{\mathrm{a}}^2}+\frac{\hat{\mathrm{Var}}\{\hat{\mu}_{\mathrm{b}}\}}{\hat{\mu}_{\mathrm{b}}^2}\right) \tag{2-60}$$

式中：$\hat{\theta}(a,b)$——对 $\theta(a,b)$ 的估计；

$\hat{\mathrm{Var}}\{\hat{\theta}(a,b)\}$——对 $\hat{\theta}(a,b)$ 的方差的估计。

如前文所述，不同的研究结果之间存在差异，这其中的差异是由两个方面的因素造成的。第一类因素是研究对象之间的差异，即在不同的交叉口使用同一改善设施，其实施效果本身存在差异；另一类是由分析方法、数据来源、样本量大小的不同导致的每一个研究估计值与真实值之间的差异。如图 2-2 所示，θ_1，θ_2，…，θ_i，…，θ_n 表示不同研究中 θ 的真实值，$\hat{\theta}_1$，$\hat{\theta}_2$，…，$\hat{\theta}_i$，…，$\hat{\theta}_n$ 表示对 θ_1，θ_2，…，θ_i，…，θ_n 的估计，采用 $\pm s_1$，$\pm s_2$，…，$\pm s_i$，…，$\pm s_n$ 描述 θ 与 $\hat{\theta}$ 之间的差异，$\pm s_i$ 为对 θ_i 估计的标准误差。

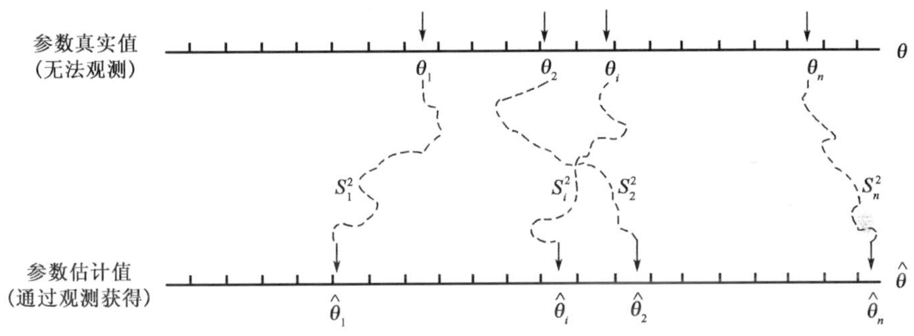

图 2-2 参数真实值与估计值示意图

采用 $\mathrm{Var}\{\theta\}$ 表示样本总体方差，若每一个研究都不存在误差，则图中 θ 与 $\hat{\theta}$ 之间的连接线为竖直线，此时 $\mathrm{Var}\{\theta\}$ 与 $\mathrm{Var}\{\hat{\theta}\}$ 相等。然事实上，每一个研究均存在误差。

$$\mathrm{Var}\{\theta\}=\mathrm{Var}\{\hat{\theta}\}-E\{\mathrm{Var}\{\hat{\theta}|\theta\}\} \tag{2-61}$$

式中，等号后第二项为对不同 θ 的估计的方差的平均值。若各 θ 的加权平

均值 $\bar{\theta}$ 与 $E\{\theta\}$ 相等，则对 $\mathrm{Var}\{\theta\}$ 的估计可表示如下：

$$\hat{V}=\begin{cases}\dfrac{\sum_{i=1}^{n}(\hat{\theta}_i-\bar{\theta})^2}{n\ \mathrm{or}(n-1)}-\dfrac{\sum_{i=1}^{n}s_i^2}{n} & \text{如为正}\\ 0 & \text{其他}\end{cases} \tag{2-62}$$

若 $\bar{\theta}$ 与 $E\{\theta\}$ 不等，用 $\mathrm{Var}^*\{\theta\}$ 表示 $\theta-\bar{\theta}$ 的平方的估计，其计算公式如下：

$$\hat{\mathrm{Var}}^*\{\theta\}=\hat{V}+\hat{\mathrm{Var}}\{\hat{\theta}\}=\hat{V}+\frac{1}{\sum_{i=1}^{n}\frac{1}{s_i^2}} \tag{2-63}$$

当交通事故数据较为缺乏时，通过事前—事后分析法或横断面分析法进行交通设施安全性评价往往较为困难，在这一情况下可以通过集成现有研究成果求得某种设计方式的事故影响系数。本节以无信号交叉口远引掉头设计为例，对基于荟萃分析的事故影响系数计算方法做进一步阐述。

无信号交叉口远引掉头设计是一种典型的交叉口交通安全改善措施，一般设在主路不受控制、次路停车控制的无信号交叉口，其目的是降低交叉口冲突点，提高交叉口安全性能。在该设计方式下，主路车流不受影响，次路左转及直行车流需先右转至道路中央掉头区，再寻找间隙汇入对向主路车流，如图 2-3 所示。

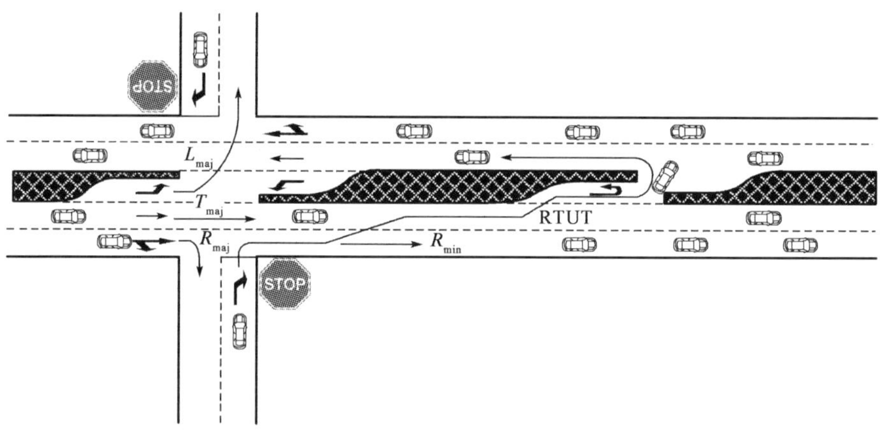

图 2-3　远引掉头交叉口示意图

L_{maj}-主路左转车流；T_{maj}-主路直行车流；RTUT-远引掉头车流；R_{maj}-主路右转车流；R_{min}-次路右转车流

一些文献针对将交叉口直接左转设计改为远引掉头设计的安全影响系数进行了研究，本章从 CMF Clearinghouse 选取了较为典型的三个研究，将其数据整理，见表 2-1。

事 故 数 据 表 2-1

研究	数 据 点	直 接 左 转				远 引 掉 头			
		T	C_{T}	$C_{\mathrm{F/I}}$	C_{PDO}	T	C_{T}	$C_{\mathrm{F/I}}$	C_{PDO}
研究 1	Mt. Pisgah	59	76	32	44	10	7	3	4
	Ocean Isle Beach	59	76	26	50	11	8	3	5
	Red Bamk/Old Balsam	96	87	47	40	115	82	45	37
	Barkers Creek	58	28	14	14	8	3	2	1
	Dicks Creek	58	21	10	11	8	3	1	2
	Elmore	58	18	11	7	13	2	1	1
	Blacksmith	59	14	11	3	32	5	4	1
	Haw Branch	59	36	12	24	21	6	2	4
	Camp Easter/Aiken	59	24	9	15	41	15	6	9
	Peanut Plant	58	38	25	13	36	10	7	3
	2nd Street	59	60	20	40	34	24	8	16
	School Road	60	34	19	15	13	10	6	4
	Grays Creek Church	60	26	12	14	13	1	0	1
研究 2	Florida	36	2175	789	1386	36	1738	507	1231
研究 3	US-301 & MD-313	48	33	23	10	72	4	0	4
	US-23/74 & SR-1527/1449	72	30	18	12	72	14	5	9
	US-64 & Mark's Creek Road	36	21	8	13	36	11	6	5
	US-321 & SR-1796	36	13	6	7	36	4	2	2

注：T-数据时间段（月）；C_{T}-总事故数（起）；$C_{\mathrm{F/I}}$-死伤事故数（起）；C_{PDO}-财产损失事故数（起）。

为计算事故影响系数，首先将表中直接左转与远引掉头的事故数折算成同一时间段，此处折算为 3 年的事故数，见表 2-2。

事故数据折算 表2-2

研究	数据点	直接左转			远引掉头		
		C_T	$C_{F/I}$	C_{PDO}	C_T	$C_{F/I}$	C_{PDO}
研究1	Mt. Pisgah	46	20	27	25	11	15
	Ocean Isle Beach	46	16	30	26	9	17
	Red Bamk/Old Balsam corridor	33	18	15	26	14	12
	Barkers Creek	17	9	8	14	7	7
	Dicks Creek	13	6	7	14	6	7
	Elmore	11	7	4	6	3	2
	Blacksmith	9	7	2	6	4	1
	Haw Branch	22	7	15	10	3	7
	Camp Easter/Aiken	15	6	9	13	5	8
	Peanut Plant	24	16	8	10	7	3
	2nd Street	37	12	24	25	8	17
	School Road	20	12	9	28	16	12
	Grays Creek Church	16	7	9	3	1	2
	事故总数	308	141	167	205	95	109
	方差	165	24	80	82	18	32
研究2	Florida	2175	789	1386	1738	507	1231
	事故总数	2175	789	1386	1738	507	1231
	方差	158	22	77	108	9	62
研究3	US-301 & MD-313	25	17	8	2	0	2
	US-23/74 & SR-1527/1449	15	9	6	7	3	5
	US-64 & Mark's Creek Road	21	8	13	11	6	5
	US-321 & SR-1796	13	6	7	4	2	2
	事故总数	74	40	34	24	11	14
	方差	29	25	10	15	6	3

根据公式(2-59)~式(2-63)对事故影响系数进行估计,即计算 $\hat{\theta}(a,b)$ 及 $s\{\hat{\theta}(a,b)\}$,结果见表2-3。

事故影响系数的估计　　表2-3

事　故	研　究	$\hat{\mu}_b$	$\hat{\mu}_a$	$V\hat{a}r\{\hat{\mu}_b\}$	$V\hat{a}r\{\hat{\mu}_a\}$	$\hat{\theta}(a,b)$	$s\{\hat{\theta}(a,b)\}$
总事故	研究1	308.3	204.5	164.7	82.3	0.66	0.25
	研究2	2175.0	1738.0	158.3	107.7	0.80	0.01
	研究3	73.8	24.0	29.3	15.3	0.33	0.06
	总计	2248.8	1762.0	187.5	123.1	0.78	0.01
死伤事故	研究1	141.1	95.2	24.4	17.8	0.67	0.26
	研究2	789.0	507.0	22.3	9.4	0.64	0.01
	研究3	40.3	10.5	24.5	6.2	0.26	0.07
	总计	829.3	517.5	46.8	15.7	0.62	0.01
财产损失事故	研究1	167.2	109.4	80.1	31.8	0.65	0.05
	研究2	1386.0	1231.0	76.9	61.8	0.89	0.01
	研究3	33.5	13.5	9.9	2.6	0.40	0.06
	总计	1419.5	1244.5	86.8	64.3	0.88	0.01

在此基础上对事故影响系数的标准差进行估计，即计算 $\hat{\sigma}^*\{\theta\}$，见表2-4。

事故影响系数标准差的估计　　表2-4

事　故	研　究	$\hat{\theta}(a,b)$	$s\{\hat{\theta}(a,b)\}$	$(\theta-\bar{\theta})^2$	s^2	$V\hat{a}r^*\{\theta\}$	$\hat{\sigma}^*\{\theta\}$
总事故	研究1	0.66	0.25	0.0144	0.0625		
	研究2	0.80	0.01	0.0002	0.0000		
	研究3	0.33	0.06	0.2099	0.0034		
	总计	0.78	0.01	0.0748	0.0220	0.053	0.23
死伤事故	研究1	0.67	0.26	0.0025	0.0676		
	研究2	0.64	0.01	0.0003	0.0000		
	研究3	0.26	0.07	0.1319	0.0049		
	总计	0.62	0.01	0.0449	0.0242	0.021	0.14
财产损失事故	研究1	0.65	0.05	0.0495	0.0024		
	研究2	0.89	0.01	0.0001	0.0001		
	研究3	0.40	0.06	0.2244	0.0037		
	总计	0.88	0.01	0.0913	0.0020	0.089	0.30

由此可得，将次路停车控制交叉口改成远引掉头交叉口对所有事故影响系数为0.78±0.23，对死伤事故的影响系数为0.62±0.14，对财产损失事故的影

响系数为0.88 ±0.30。

3)基于交通冲突的安全评价方法

交通冲突技术(Traffic Conflict Technique,简写为TCT)是依据一定的标准对交通冲突的发生过程及其严重性程度进行定量判别和测量,并应用于交通安全评价的技术方法。利用交通冲突数据作为事故数据的替代指标对交通设施的安全性能进行评价是目前国内外应用最广泛的交通安全间接评价方法。与基于事故统计数据的交通安全直接评价方法相比,交通冲突数据可以在短期内观测得到,评价周期相对较短,在很大程度上弥补了基于事故数的评价方法的“数据样本量小、评价周期长、事故发生随机”的不足。

(1)交通冲突的定义

交通冲突是指两个或两个以上的道路使用者或道路使用者与道路构造物之间,在同一时间、空间上相互接近,以至于如果任何一方不改变其运动状态(如转换方向、改变车速、突然停车等),就有发生碰撞危险的现象。

按照冲突对象,交通冲突可以分为机动车—机动车冲突、机动车—非机动车冲突、机动车—行人冲突和机动车—固定物冲突等。按照冲突角度,交通冲突可以分为正向冲突、追尾冲突、横穿冲突、撞固定物冲突等。

(2)交通冲突数据采集方法

常用的交叉口冲突数据采集方法包括两种:人工调查法和录像调查法。人工调查法由地面观测员在现场观测并记录数据。该方法简单、易操作,具有很大的灵活性,但对调查人员对危险事件的感知能力、空间目测能力、数据统计及记录能力都有很高的要求。当记录参数较多、数据量较大时,人工调查法具有一定程度的局限性。录像调查法是在现场进行数据采集,随后在室内进行视频观测的数据记录方法。采用录像调查法进行交叉口冲突数据采集时,由于观测者能够对录像随时定格、反复观看,故而可以在很大程度上提高观测的准确性,弥补人工调查法的不足。

进行交通冲突观测首先需要确定调查的地点与时间。对于道路平面交叉口,调查地点应为被选择的交叉口及其相应功能区。在调查时间方面,由于交通冲突的发生受到人、车、路和环境等多种因素的影响,具有高度随机性,因此在选择调查时段时,应使得被选择的时间段能反映各因素在不同条件下的变化规律,以准确反映交叉口的交通设施安全水平。理论上应采用某一较长时段内交通冲突发生频次,如年平均日交通冲突数作为安全评价指标。然而,受客观条件限制,实际操作中往往难以对交通冲突进行长时间的连续观测。一般选择某些具有代表性的时段作为样本,通过统计调查时段内的冲突数估算全天实际冲突频次。调查时段选取直接影响交通冲突调查结果的有效性和可靠性。图 2-4 为交通冲突录像调查标准化数据采集流程。

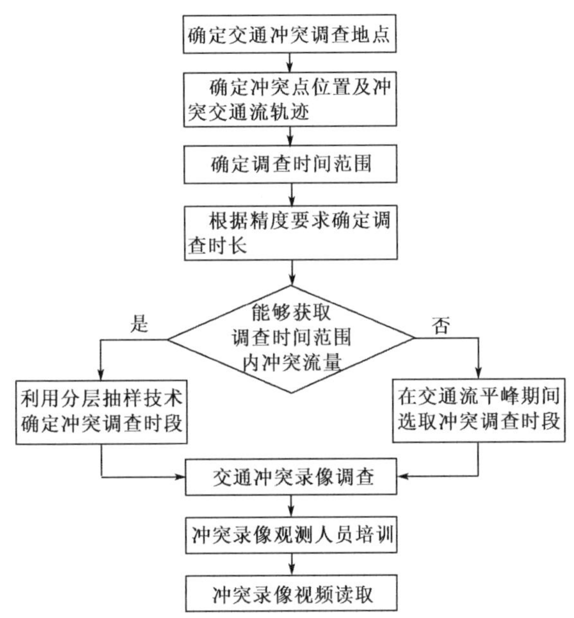

图 2-4　交通冲突录像调查标准化数据采集流程

(3)事故—冲突建模

为验证将交通冲突数据作为交通安全评价指标的有效性,国内外许多学者对事故与交通冲突数据进行相关性分析。例如,Glouz 等调查了美国大堪萨斯城地区的 46 个信号与无信号控制交叉口的事故与冲突数据,针对 12 种类型的事故和冲突分别建模,模型基本形式如式(2-64)、式(2-65)所示:

$$A_0 = C_0 R \tag{2-64}$$

$$\mathrm{Var}(A_0) = \mathrm{Var}(C_0)\mathrm{Var}(R) + C_0^{\,2}\mathrm{Var}(R)\mathrm{Var}(C_0) \tag{2-65}$$

式中:A_0——期望事故率;

C_0——期望冲突率;

R——某种类型的交叉口事故/冲突估计。

Sayed 等在 British Columbia 地区采集了 94 个交叉口的事故及冲突数据，通过分析得到事故与冲突之间的关系如表 2-5 所示。

事故影响系数标准差的估计 表 2-5

交叉口类型	模　型	R^2
信号交叉口	Acc/yr = 4.98 + 5.02AHC	0.77 *
	Acc/yr = 8.69 + 14.23(AHC4 +)	0.70 *
无信号交叉口	Acc/yr = 2.69 + 0.69AHC	0.20
	Acc/yr = 3.52 + 1.61(AHC4 +)	0.11

注："＊"表示 $\alpha = 0.001$ 时显著；

Acc/yr——年平均事故数；

AHC——所有严重程度的冲突数；

AHC4 + ——严重程度 >4 的冲突数。

Shahdah 等采用 VISSIM 与 SSAM 仿真软件对 Toronto 地区 53 个信号交叉口建立仿真模型，并分析了交通事故与仿真冲突的关系，模型如下所示：

$$\ln(\mathrm{CR}_j^i) = \ln\alpha + \beta \times \ln(\mathrm{CF}_j^i) \tag{2-66}$$

式中：CR_j^i——交通事故频次；

CF_j^i——仿真冲突频次；

α、β——回归系数。

Lu 等在北京 50 辆小汽车上安装了冲突检测器，采集了 193 个工作日的交通 1366 组冲突数据，并建立了冲突率与事故率的回归模型，如下式所示：

$$A_i = \frac{E_i}{189.01E_i + 6670.5} \tag{2-67}$$

式中：A_i——平均每小时万车事故数；

E_i——平均每小时万车冲突数。

4）基于安全服务水平的交通安全评价方法

交叉口安全服务水平是指交叉口在道路几何设计、交通设施状况、车辆运行环境、交通管制方式等多个方面为道路使用者提供的交通安全服务质量。它是一种基于交叉口冲突点的交通安全评价方法，反映了交叉口的潜在危险程度，主要用于无信号控制交叉口的交通安全分析。

在无信号交叉口，各方向交通流相互交织，在交叉口内部形成不同类型的冲突点。在一定的交通流量条件下,冲突点的数量及恶性程度是交叉口的安全性能的一种客观量化反映。

计算交叉口安全服务水平评价思路如下:首先根据交叉口冲突点及冲突车流流量计算理想状况下的交叉口安全服务水平,随后根据安全服务水平影响因素计算影响因素修正系数,进而求得实际状况下的交叉口服务水平。

无信号交叉口安全服务水平评价流程如图2-5所示。

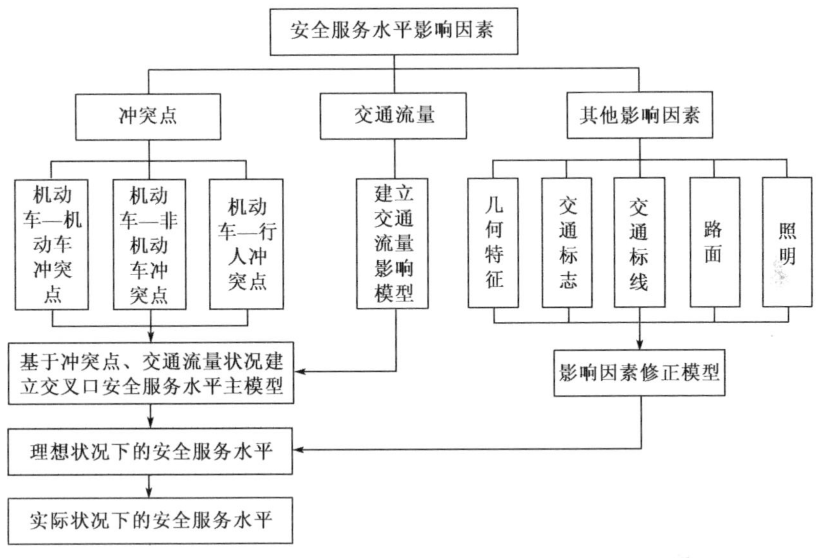

图2-5 交叉口安全服务水平评价流程

2.1.3 交通环境评价

机动车污染物是由于发动机内的燃油未充分燃烧而产生的,主要的污染物类型为CO、NO_x和HC。机动车污染物受到交通流的运行情况的影响,流量大的路段,污染物浓度相对更高,交叉口相较于路段更为严重。在交叉口处,由于车辆延误引起的尾气附加排放量(ΔP)包括三部分:车辆停车引起的附加排放量(P_S)、车辆减速引起的附加排放量(P_D)以及车辆发动机空转引起的附加排放量(P_l),即:

$$\Delta P = P_S + P_D + P_l \tag{2-68}$$

其中,P_S、P_D、P_l计算公式如下:

(1)车辆停车引起的附加排放量

$$P_S = \frac{N \cdot m \cdot E}{1000} \tag{2-69}$$

式中:N——进口车道车流量(pcu/h);

m——交叉口停车率;

E——每公里速度变化时的尾气附加排放量(g/pcu)。

(2)车辆减速引起的附加排放量

$$P_D = \frac{T_D \cdot N \cdot E}{T_0 \cdot 1000} \tag{2-70}$$

式中:T_D——减速延误时间(s),减速延误时间为入口延误时间与排队延误时间之差;

T_0——每公里速度变化引起的时间延误(h),T_0可根据初始速度和减速后的速度确定。

(3)车辆发动机空转引起的附加排放量

$$P_1 = \frac{T_S \cdot N \cdot E_1}{60} \tag{2-71}$$

式中:T_S——车辆平均停车延误(s);

E_1——车辆发动机空转时的排放率[g/(pcu·min)]。

2.2 平面交叉口运行仿真评价方法

2.2.1 运行效率评价

交通仿真技术是进行交通设计评价的另一种有效手段,与现场调查或理论分析相比,运用仿真模型进行评价更为方便灵活,可实现在方案规划阶段的比较与优选。具体而言,利用仿真工具进行交通设计评价具有以下优点:

(1)可不断重复特定道路交叉口几何设计及交通条件下的交通流随机状态,克服因数据采集随机性对评价结果的影响。

(2)在模型标定及校核后,通过仿真实验可生成大量接近实际的仿真结果,从而对实测数据进行合理拓展。

(3)可在项目实施之前对设计方案进行预先评估。

(4)可在项目实施之后根据运行效果进行优化设计评估,在不影响交通系统正常运行的情况下对多方案设计进行效果比选。

(5)通过仿真实验可分析交通设计关键参数对于评价指标的影响,是评价交通工程设计和城市规划方案的有效工具。

VISSIM 系统是目前国内外研究中较为常用的一种交通运行效率评价微观仿真软件。它是由德国 PTV 公司开发的一种基于时间间隔和驾驶行为的微观仿真系统模拟工具,其内置模型是一个离散、随机可变换补偿的微观模型,车辆纵向运动采用了 Weidemann 的心理—生理跟车模型,可仿真城市内不同交通设计情况下(车道设置、交通构成、交通信号、公交站点等)的车流运行状况。

2.2.2 交通安全评价

随着微观交通仿真技术的发展,各国学者开始探索这一方法在交通安全评价领域的应用,即通过交通流微观仿真技术模拟现实世界中的交通冲突产生过程,并以仿真冲突代替实地观测的冲突数据作为交通安全评价指标。2003 年,美国联邦公路局 FHWA 研发出一种基于微观交通仿真技术的冲突分析软件 SSAM(Surrogate Safety Assessment Model)。这一软件以微观交通仿真模型(如 VISSIM、AIMSUN、PARAMICS、TEXAS)输出的车辆运行轨迹文件为基础,依据一定的算法计算各项冲突分析指标,进而识别交通冲突,对冲突进行分类以及严重程度划分。基于 SSAM 的交通安全评价方法无须进行长期历史事故数据搜集或者人工冲突观测,并且能够对未实施的交通设计项目进行预先的、快速的安全性评价。

与现实情况下的交通冲突概念相类似,仿真冲突是指在仿真模型中,两辆车辆在相互冲突的轨迹上运行,其中一辆车或者两辆车同时采取了避险行为,从而避免了交通事故发生的事件。SSAM 模型中,常用的交通冲突分析指标包括:距离冲突发生的时间(TTC)、冲突车辆到达冲突位置的时间差(PET)、冲突过程中后车采取避险措施瞬间的减速度(DR)、冲突车辆车速最大值(MaxS)和冲突车辆间的最大相对速度(DeltaS)。

近年来,国内外许多学者在交通冲突仿真技术方面开展了大量的研究,现有研究重点包括以下几个方面:①基于 SSAM 的典型交通设施仿真模型构建;②交通冲突微观仿真模型的参数标定;③交通冲突仿真技术的有效性验证。

本节采用微观交通仿真软件 VISSIM 结合 SSAM 进行交叉口交通安全评价,主要内容包括仿真模型构建方法、参数标定以及模型验证。与面向运行效率评价的仿真模型相比,面向交通安全评价的仿真模型对建模过程以及模型精确度提出了更高的要求。在标定后的 VISSIM 仿真模型基础上,利用 SSAM 软件建立交通冲突仿真模型。为保证仿真模型尽可能准确反映车辆实际运行状态,本节提出一种基于遗传算法的交通冲突微观仿真模型两阶段参数标定流程,如图 2-6所示。具体过程如下。

1)交通冲突数据采集

采集交通冲突相关数据。读取数据包括以下几个方面:①最先采取避险行为的车辆距离冲突发生的时间;②采取避险行为时冲突车辆距离冲突点的距离;③采取避险行为时两辆冲突车辆之间的角度;④采取避险行为时冲突车辆瞬时速度。

2)建立 SSAM 仿真模型

运行标定后的 VISSIM 仿真模型,输出轨迹文件,将轨迹文件导入 SSAM,对模型进行初始化标定。运行 SSAM 仿真模型,将输出的冲突数据与视频采集的冲突数据相对比,如仿真精度不满足要求,则进入仿真模型参数标定过程,反之,则结束标定过程。

3)仿真模型第一阶段参数标定

仿真模型第一阶段参数标定主要是面向行程时间的 VISSIM 软件参数标定。本节选择 Wiedemann 74 模型进行道路平面交叉口评价模型参数校正,主要修正参数包括:观察前方距离、观察前方车辆数、最小车头间距、最大减速度、平均停车距离、安全距离的加法因子和安全距离的乘法因子。

采用遗传算法进行参数修正。遗传算法是一种将自然遗传学和计算机科学相结合的用于解决最优化问题的启发式搜索算法,基本操作包括三个过程:选择、交叉和变异。具体过程如下:

(1)确定初始群体

随机产生各项参数,将各参数的组合作为遗传算法的初始群体。

(2)进行适应度评估

以行程时间为优化目标,采用式(2-72)对参数组合所产生的目标值进行适应度评估。

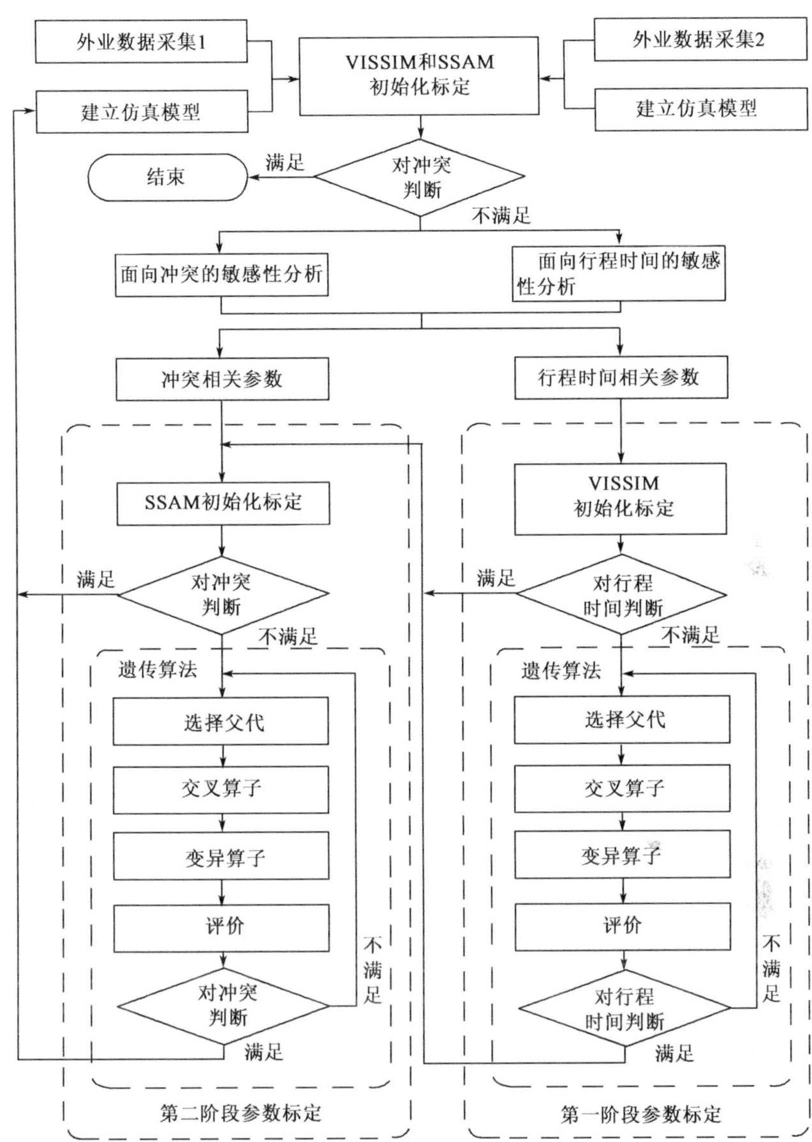

图2-6 交通冲突微观仿真模型两阶段参数标定流程

$$\mathrm{MAPE}_{\mathrm{ATT}} = \frac{1}{n}\sum_{i=1}^{n}\left|\frac{\mathrm{ATT}_{\mathrm{field}}^{i} - \mathrm{ATT}_{\mathrm{sim}}^{i}}{\mathrm{ATT}_{\mathrm{field}}^{i}}\right| \tag{2-72}$$

式中:$\mathrm{MAPE}_{\mathrm{ATT}}$——仿真平均行程时间相较于实测平均行程时间的误差;

n——观测次数；

ATT^i_{sim}——仿真平均行程时间；

ATT^i_{field}——实测均行程时间。

(3)选择

将每代群体中的 n 个个体按适应度排序，适应度越高，排序越靠前。将适应度最高的个体复制进入下一代，根据群体适应度产生另外 $n-1$ 个个体进入下一代。计算上代群体中每个个体适应度在适应度总和中占的比例，将此作为被选择进入下一代的概率。通过这一计算方法，适应度越高，被选择的概率越大，由此保证较优的个体以更高的概率进入下一代。

(4)交叉

在选择操作后生成的新一代群体中，除适应度最高的最优个体外，其余个体需按一定的交叉概率进行配对重组。在父代群体中随机选择一对个体进行交叉，并以产生的新个体代替原父代中适应度较小的个体。

(5)变异

由于选择机制中保留群体的最佳样本，为保持群体内个体的多样化，采用连续多次对换的变异技术，使个体在排列顺序上发生较大变化。

(6)重复

重复步骤(2)～(5)，直至产生满足适应度要求的个体，当行程时间满足精度要求时进入仿真模型第二阶段参数标定。

4)仿真模型第二阶段参数标定

采用与步骤(3)类似的方法对 SSAM 进行参数修正，第二阶段参数标定过程中，以交通冲突数作为优化目标，采用式(2-73)～式(2-75)对参数组合所产生的目标值进行适应度评估。如满足模型精度要求，则结束标定过程；否则，返回第(2)步重新进行模型初始化标定。

$$MAPE_{DIF} = MAPE_{REAR-END} + MAPE_{LANE-CHANGE} \tag{2-73}$$

$$MAPE_{REAR\text{-}END} = \frac{1}{n}\sum_{i=1}^{n}\left|\frac{CC^i_{rear-end,field} - CC^i_{rear-end,sim}}{CC^i_{rear-end,field}}\right| \tag{2-74}$$

$$MAPE_{LANE\text{-}CHANGE} = \frac{1}{n}\sum_{i=1}^{n}\left|\frac{CC^i_{lane-change,field} - CC^i_{lane-change,sim}}{CC^i_{lane-change,field}}\right| \tag{2-75}$$

以上式中： n——观测次数；

$MAPE_{DIF}$——所有冲突平均误差百分比；

$MAPE_{REAR\text{-}END}$——追尾冲突平均误差百分比；

$MAPE_{LANE\text{-}CHANGE}$——变道冲突平均误差百分比；

$CC^{i}_{rear\text{-}end,sim}$——第 i 个时间段仿真追尾冲突数；

$CC^{i}_{lane\text{-}change,sim}$——第 i 个时间段仿真变道冲突数；

$CC^{i}_{rear\text{-}end,field}$——第 i 个时间段实测追尾冲突数；

$CC^{i}_{lane\text{-}change\text{-}field}$——第 i 个时间段实测变道冲突数。

2.2.3 交通环境评价

目前，国内外专家学者开发了多种模型用以量化尾气排放量。交通排放模型按照适用条件和应用尺度可以分为：基于平均速度的排放因子、运用集计分析方法进行广域范围内的尾气排放状况评价的宏观模型，如 MOBILE 模型、COPERT 模型、EMFAC 模型；针对狭域内（标准交通需求模型中的车道、交通分析区等）的尾气排放状况评价的中观模型，如 MEASURE、VT-Micro 等；以及对特定区域或者交叉口的排放进行分析评价车辆实时尾气排放量的微观模型，如 CMEM 模型、ONRORD、VISSIM 等。

美国环保署从 2002 年起着手进行新一代尾气排放模型 MOVES 的开发，MOVES 模型能在宏观、中观和微观不同层次上预测各种车型的尾气排放，在 MOVES 排放模型中，根据燃油类型、客货类型、生产年份、排放阶段、车龄等对车辆进行分类，计算每种类型的车辆在不同运行模式下的排放率，并对各阶段排放进行修正，随后按照车辆运行模式的分布情况计算排放率的加权平均值，得到总排放。MOVES 模型采用车载数据进行建模，有利于加强车辆行驶模式和尾气排放之间的关联，计算精度较高，是一种适应性较强的尾气排放模型。

2.3 本章小结

本章从交通分析模型和交通仿真模型两个方面系统总结了国内外常用的运行效率评价方法、交通安全评价方法和交通环境评价方法。其中，交通分析模型包括两种类型，一类是基于交通流理论、排队论等基础理论从交通运行机理角度推导出的理论关系式，在此关系式中没有经验值或拟合常数，每个参数都有明确的物理意义，这类方法可移植性强，但对于复杂的交通现象往往较难建模；另一类模型以大量的观测数据或试验数据为基础，是通过一定的归纳总结而得出的经验关系式，在此关系式中往往有经验值和拟合常数，部分参数没有明确的物理意义，这类方法相对简单，并且能够解析复杂的交通现象，但可移植性不强。

针对交叉口运行分析模型，在运行效率评价方面，系统总结了无信号控制交叉口、主路优先控制交叉口及信号交叉口运行效率评价指标及计算方法。在交通安全评价方面，总结了基于交通事故的安全评价方法、基于交通冲突的安全评价方法以及基于安全服务水平的交通安全评价方法。在交通环境评价方面，总结了交叉口尾气附加排放量的组成部分及计算方法。针对交叉口运行仿真评价方法，总结了常用的运行效率评价、交通安全评价以及交通环境评价仿真模型，提出了基于遗传算法的微观仿真模型两阶段参数标定流程。

第3章 平面交叉口交通设计评价指标悖反分析

平面交叉口交通设计通过整合交叉口交通设施的时间和空间资源，梳理并优化其功能，以达到改善交通拥堵、提高交通安全等目的。部分交通设计以提高交叉口运行效率为目的，其改善效果表现在通行能力的提高、延误的降低或者运行速度的增加，但基于提高运行效率的交通设计可能会对道路交通产生其他外部影响，例如：将次路停车控制交叉口改为让行控制能够降低次路车辆的停车次数，提高运行速度，但可能会对交叉口安全造成影响；信号交叉口左转弯待转区的设计主要是为了提高通行能力，但这一设计同时会对环境造成影响，使得平均停车次数上升，车辆尾气排放增加。另有一些交通设计以改善交通安全为目的，这些改善措施在改善交通安全的同时，也影响着交叉口的运行效率。例如：交通宁静化措施提高了交叉口安全性能，但同时降低了速度，导致延误增加；无信号交叉口远引掉头的设计减少了交叉口内部车流冲突点，但使得部分车流运行时间增加，尾气排放增加。

因此，交叉口交通设计在不同的方面以不同的方式影响着交叉口的运行状况，在提高部分指标性能的同时可能会对其他指标产生负面的影响。此外，交叉口的运行状况不仅取决于交叉口的类型、交通信号控制、交通设施等设计方式，还取决于进入交叉口的交通量、饱和度以及车辆的组成和车流特征，这些因素的综合作用将使得交通设计评价问题变得更为复杂。本章首先从交叉口管理控制方式和交叉口渠化设计两方面分析不同设计方式对于交叉口各评价指标的影响。随后以次路停车控制交叉口为例，选取三种典型的交通改善设计方式，包括将次路停车控制变为次路让行控制、次路停车控制变为四路停车控制以及次路停车控制变为环形交叉口，分析在不同的交通条件下各设计方式如何影响交叉口运行状况。本章的框架结构如图 3-1 所示。

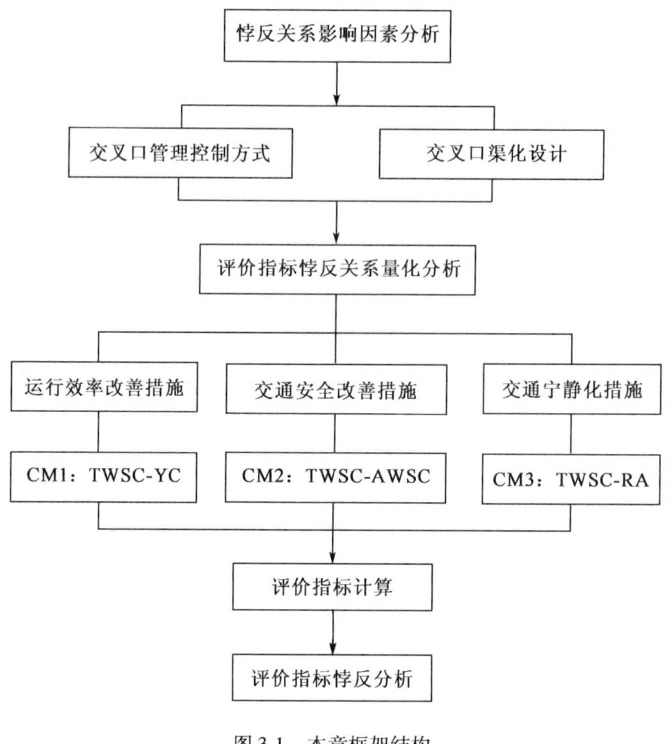

图 3-1　本章框架结构

3.1　评价指标悖反关系影响因素分析

道路平面交叉口存在着不同类型的车流交汇点，这些交汇点是导致车辆延误、尾气排放以及事故发生的主要原因。交叉口设计通过优化交叉口的时空资源，达到提高运行效率和安全性能、减少尾气排放、降低燃油消耗的目的。

交叉口交通设计在不同的方面以不同的方式影响着交叉口的运行状况，在提高部分指标性能的同时可能会对其他指标产生负面影响。本节从交叉口管理控制方式和交叉口渠化设计两方面分析不同设计方式对于交叉口各评价指标的影响。其中，交叉口管理控制方式是从时间上分隔相互交织的交通流，保障交叉口通畅、有序地运行；而交叉口渠化设计是从空间上区分不同方向的交通流，通过物理隔离减少交通冲突点。

3.1.1 平面交叉口管理控制方式

交叉口按交通管理控制方式可以分为全无控制交叉口、主路优先控制交叉口、环形交叉口和信号控制交叉口。交叉口管理控制方式直接影响着交叉口运行效率、交通安全、交通环境及能源消耗等评价指标。

在全无控制交叉口,各方向的交通流自由运行,当交通流量较小时能够保证较高的运行效率,然而,全无控制交叉口内各方向交通流相互交织,随着交通流量的增加,这些潜在的交通冲突点将会成为交叉口的安全隐患。主路优先控制交叉口通过停车、让行等控制方式为主路车流提供优先通行权,提高了主路车流的运行效率,并在一定程度上提高了交叉口的安全性能。但这种方式是以牺牲次路车流的运行效率为代价,该类控制方式下,次路车辆到达交叉口时需要停车或者减速,由此导致延误、尾气排放和油耗均增加。环形交叉口能够提升交叉口运行效率及交通安全性能,但建设费用相对较高。

信号控制交叉口通过信号相位及信号配时的设计严格划分交叉口的时空资源、明确交叉口各交通流的优先通行权,达到减少交通冲突点、提高交叉口安全性能的目的。然而,采用信号控制将会使得交叉口延误明显增加,非绿灯时间内到达交叉口的车辆需要停车等待,而不论冲突方向是否有车辆到达,由此造成尾气排放及燃油消耗增加。

在信号控制交叉口,周期长度及信号相位数是影响交叉口评价指标的两大因素。从交通安全的角度出发,增加相位数能够有效地从时间上区分各股车流(如提供左转专用相位),降低交叉口冲突点。然而,信号周期内相邻相位切换时,车流启动及清空均会造成一定的时间损失,即产生启动损失和清空损失,由此导致有效绿灯时间降低。相位数越多,有效绿灯时间在信号周期内所占的比例越低。通过延长每一相位的时间和周期长度能够提高有效绿灯时间在信号周期内所占比例,但却会导致系统延误增加。

3.1.2 平面交叉口渠化设计

交叉口渠化设计通过设置导流岛与路面标线以分隔或控制冲突车流,使之按一定的路线行驶,其目的是提高交叉口的时空资源利用率,从而提高交叉口的通行能力和安全性能。对平面交叉口左转车流的处理方式是影响交叉口运行效率与交通安全的关键因素之一。

在无信号交叉口,交通冲突点密集,左转车流与其他车流相交织,往往会形成恶性程度较高的交叉冲突。将交叉口左转车流进行远引掉头设计能够有效地降低左转车流与其他车流的冲突,通过左转车辆间接左转提高交叉口的安全性能,同时提高交叉口的通行能力。国内外许多非常规交叉口设计,如分隔带U形左转、“超级道路”式左转、“壶把”式左转、“蝴蝶”式左转等设计正是基于这一理念。然而,左转车辆的绕行会导致左转车辆延误、尾气排放及油耗增加。当左转车流比例较高时,反而会增加路网的交通负荷。

对于信号交叉口,设置左转专用进口道是提高车流运行效率及交通安全的一种有效方式,通过设置左转专用进口道可以提高交叉口左转车流通行能力,减少左转车流与直行车流的分流、合流冲突。除此之外,亦可以通过简单的标志标线设计提高信号交叉口的通行能力,如左转弯待转区的设计。如前文所述,信号交叉口左转弯待转区设计能够提高交叉口左转专用进口道通行能力,降低左转车流延误,但与此同时会导致尾气排放及燃油消耗增加,并使得交通冲突数增加。

3.2 评价指标悖反关系量化分析

为进一步分析交通设计方式对交叉口各评价指标及其相互关系的影响,本节以次路停车控制交叉口为例,选取三种典型的交通改善设计方式,包括将次路停车控制变为次路让行控制、次路停车控制变为四路停车控制以及次路停车控制变为环形交叉口,分析在不同的交通条件下,各设计方式如何影响交叉口的运行状况。

3.2.1 交通设计改善措施简介

次路停车控制是一种常见的无信号交叉口控制方式。如图3-2所示,在该控制方式下,不论主路是否有车辆到达,次路车辆到达交叉口停车线时必须停车等待一定间隔后方能继续通行,而主路车流不受控制。在交叉口设置停车控制通常是出于提高交通安全性能的角度考虑,但随之也会带来停车次数增加以及由此产生的尾气排放和燃油消耗增加等问题。基于不同的交通改善目标,工程实践中常采用以下几种设计方式:

CM 1:将次路停车控制交叉口改为次路让行控制交叉口(TWSC-YC)。让行控制(Yield Control,YC)是无信号控制与停车控制的中间状态,当次路车辆到达交叉口时,如果主路没有车辆到达,则次路车辆无须停车即可通过交叉口。该设计方式的目的是通过减少非必要的停车次数以降低停车延误,减少尾气排放,节省燃油消耗和运行成本。

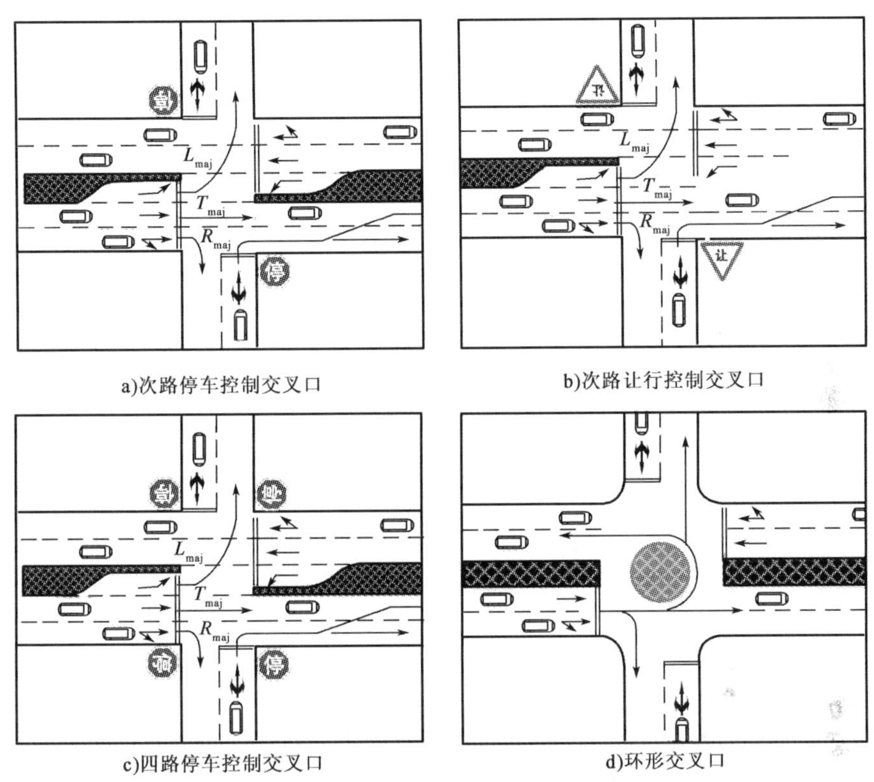

a)次路停车控制交叉口 b)次路让行控制交叉口 c)四路停车控制交叉口 d)环形交叉口

图3-2 原交叉口及改善后交叉口示意图

CM 2:将次路停车控制交叉口改为四路停车控制交叉口(TWSC-AWSC)。在四路停车控制交叉口,所有方向到达车辆均需停车等待一定间隔后方能通行。相同优先等级的车辆按其到达优先顺序依次通过交叉口。这一设计成本低,安装便捷,通常会被使用在原先事故率较高的交叉口,以提升道路交通安全水平。

CM 3:将次路停车控制交叉口改为环形交叉口(TWSC-RA)。环形交叉口是在相交道路的平面交叉口中央设置一个半径较大的中心环岛,所有经过交叉口的直行和左转车辆均围绕中心环岛按逆时针方向行驶。通过这一设计方式,原先交叉口的交叉冲突可转变为分流及合流冲突,这一设计方式能够提高交叉口的行车安全，同时减少交叉口车辆停车次数。

以主路双向四车道、次路双向两车道的交叉口为例，原交叉口（次路停车控制交叉口）及各改善后交叉口（次路让行控制交叉口、四路停车控制交叉口、环形交叉口）示意图如图3-2所示。表3-1为对应设计方案建设成本及年维护费用，如表中数据所示，CM 3建设及年维护费用远高于CM 1和CM 2相应费用。

各设计方案建设成本　　表3-1

改善措施		建设费用（元）	年维护费用（元）
CM 1	TWSC-YC	3463 ~ 7164	65 ~ 266
CM 2	TWSC-AWSC	3818 ~ 8802	420 ~ 1904
CM 3	TWSC-RA	500000 ~ 800000	20000 ~ 50000

3.2.2 交通设计对运行效率及环境影响分析

采用VISSIM软件建立交通设计仿真评价模型。选择的交叉口位于美国加州奥尔巴尼市Key Route Blvd & Portland Ave交叉口。该交叉口为次路停车控制交叉口（TWSC），主路双向四车道，中央分隔带宽12m，次路双向两车道，无中央分隔带，交叉口如图3-3所示。

图3-3　数据采集点

采用交叉口实测延误对仿真模型进行标定及校核，具体方法参见本书2.2节。校核后的仿真模型如图3-4所示。在模型中设置节点评价区，输出参数包括：交叉口车辆总行程时间（h）、CO排放量（t）、NO_x排放量（t）、VOC排放量（t）及燃油消耗（gal）。根据国务院《排污费征收使用管理条例》，将各尾气排放污染物转化为污染当量数，各污染物排放测算当量系数如表 3-2 所示。将改善后各交叉口评价指标值与改善前（TWSC）相比较，改善效果为改善后各评价指标与改善前各评价指标计算值的差值。

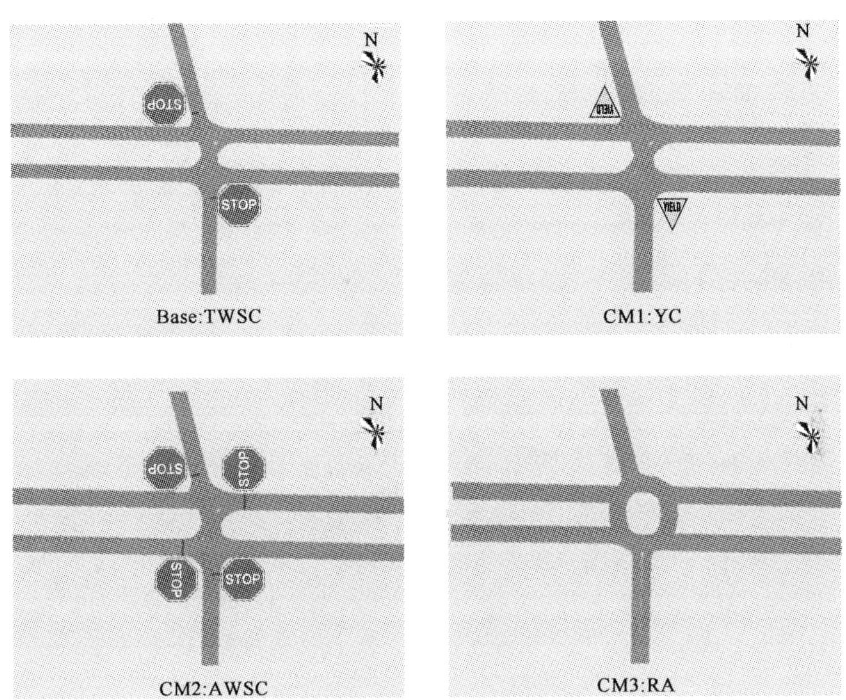

图 3-4 VISSIM 仿真模型

尾气污染物排放测算当量值 表 3-2

污 染 物	排放测算当量系值(kg)
CO	16.7
NO_x	0.95
VOC	5.1
CO_2	20

图 3-5 ~ 图 3-7 为不同主次路流量情况下各指标计算结果，其中交叉口主路 AADT 变化范围为 700 ~ 15100veh/d，次路 AADT 变化范围为 700 ~ 5650veh/d。控制主、次路车流组成不变，以分析主、次路流量对于各评价指标的影响。根据实地调查数据，设定主路及次路左转交通流量比例及右转交通流量比例均为 20%，比较不同的主、次路流量条件下各评价指标变化情况。

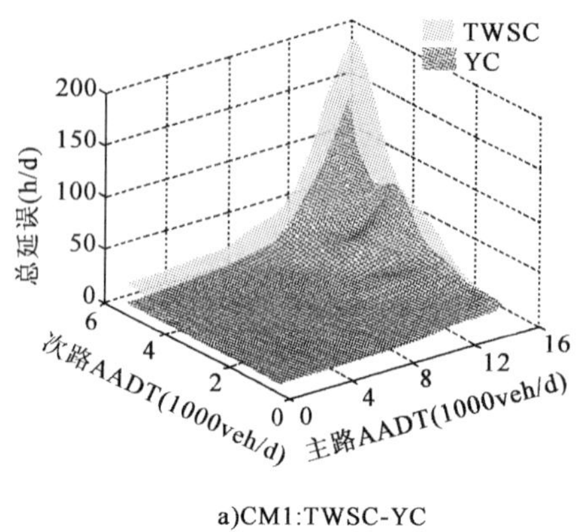

a)CM1:TWSC-YC

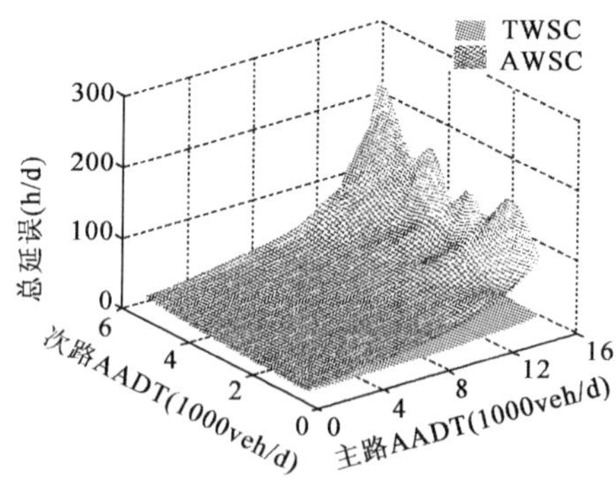

b)CM2:TWSC-AWSC

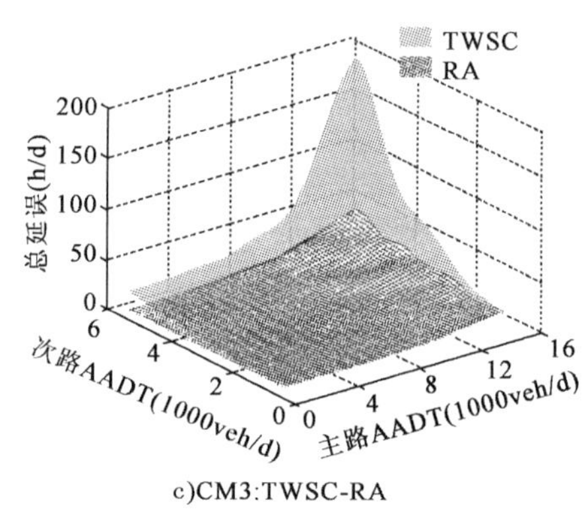

c)CM3:TWSC-RA

图 3-5　主次路流量对总延误的影响

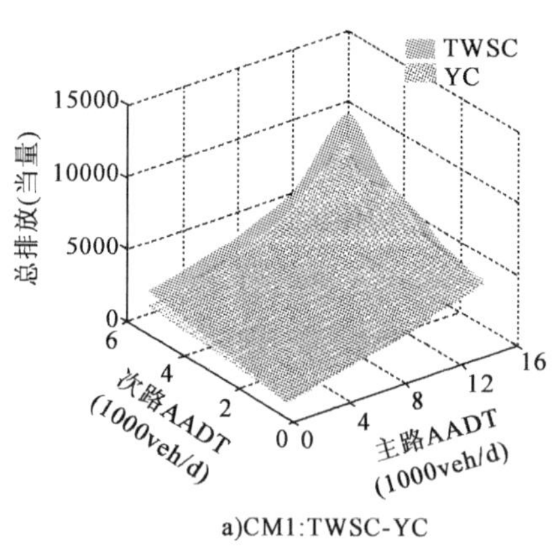

a)CM1:TWSC-YC

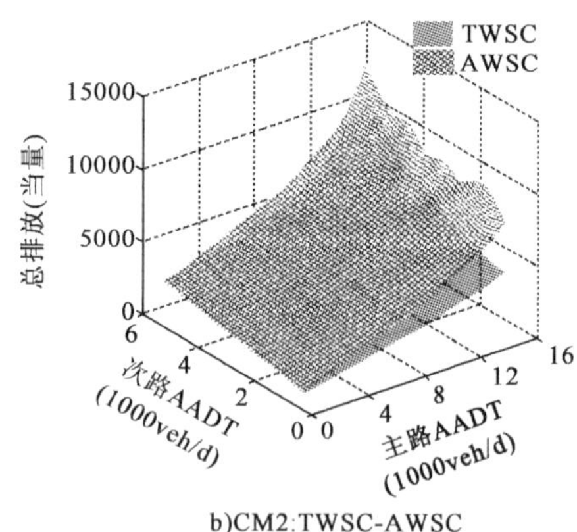

b)CM2:TWSC-AWSC

图　3-6

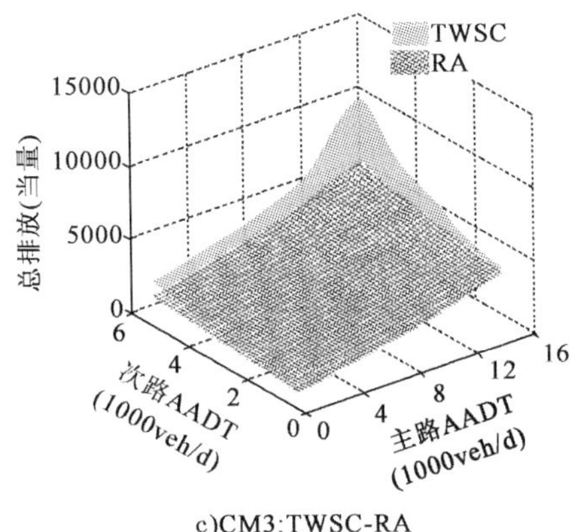

c)CM3:TWSC-RA

图 3-6 主次路流量对总排放的影响

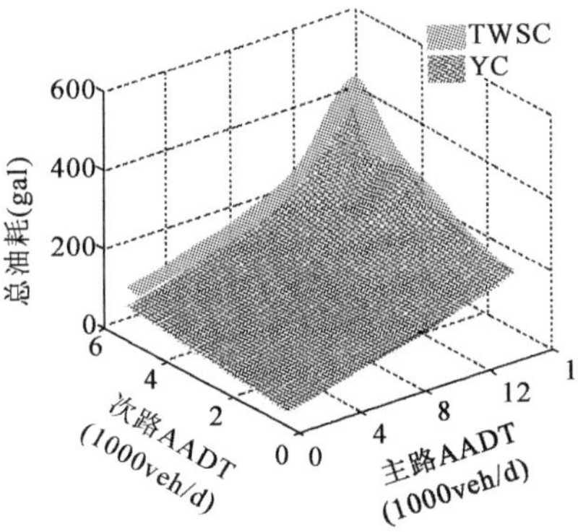

a)CM1:TWSC-YC

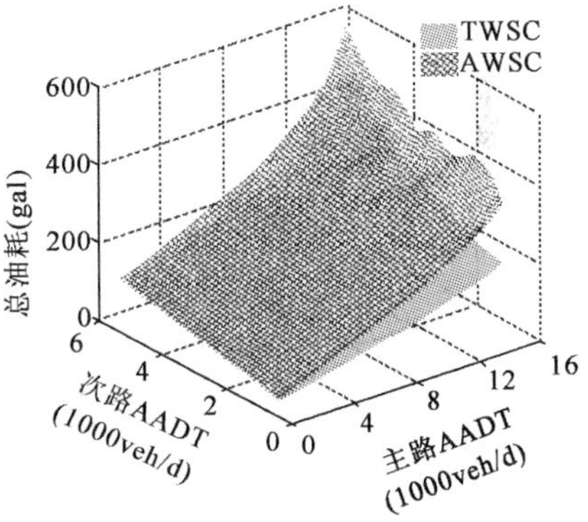

b)CM2:TWSC-AWSC

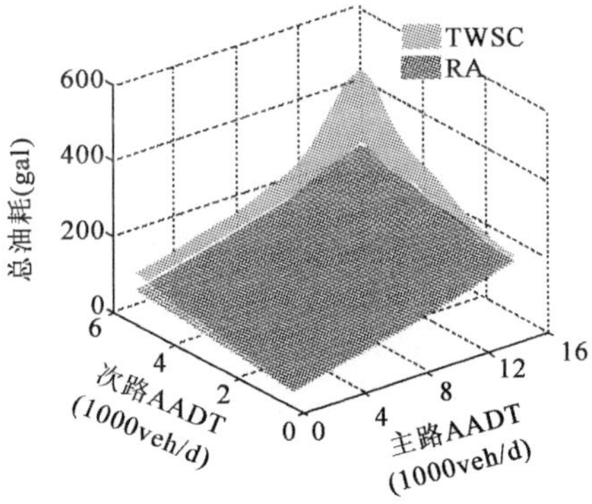

c)CM3:TWSC-RA

图 3-7 主次路流量对总油耗的影响

如图 3-5 ~ 图 3-7 所示,对于所有设计方案,总延误、尾气排放以及燃油消耗随主、次路交通流量变化趋势大体相同,即评价指标值随主路 AADT 或次路 AADT 增加而增大。但将各方案评价指标值与原方案指标值相对比,其变化趋势及幅度存在巨大差异,具体分析如下。

CM1 (TWSC-YC)使得交叉口总延误、尾气排放以及燃油消耗均降低,其降低幅度随主路或次路流量增大而增大。当主、次路流量均为最大时,总延误、尾气排放以及燃油消耗分别降低 28.02%、16.51%、16.57%。

CM2 (TWSC-AWSC)使得交叉口总延误、尾气排放以及燃油消耗均增加,其增加幅度随主路流量增大而增大,随次路流量增大而减小,其中主路流量对其影响更为显著。当主路流量最大、次路流量最小时,总延误、尾气排放以及燃油消耗分别增加 473.32%、79.24%、79.36%。

CM3 (TWSC-RA)对运行效率、交通环境以及能源消耗的改善效果均非常显著,交叉口总延误、尾气排放以及燃油消耗降低幅度均随主路或次路流量增大而增大。当主、次路流量均为最大时,交叉口总延误、尾气排放以及燃油消耗分别降低 80.34%、44.15%、44.15%。

由于交叉口延误和冲突在很大程度上是由于左转车流造成的,因此,本节进一步分析在一定的流量条件下主次路左转车流比例对于评价指标的影响。假设主路 AADT 为 15100veh/d,次路 AADT 为 4550veh/d,在不同主次路左转比例条件下各指标计算结果如图 3-8 ~ 图 3-10 所示。

根据图 3-8 ~ 图 3-10,对于 TWSC 交叉口、YC 交叉口和 AWSC 交叉口,交叉口行车延误、尾气排放以及燃油消耗均随着主路左转车流比例增大而迅速增大,随着次路左转车流比例增大而缓慢降低;而对于 RA 交叉口,交叉口行车延误、尾气排放以及燃油消耗均随着主路或次路左转车流比例增大而缓慢增加。将各改善措施与 TWSC 交叉口相比较可得,CM 1 (TWSC-YC)使得交叉口总延误、尾气排放以及燃油消耗均降低,其降低幅度随主路或次路左转比例增大而降低。CM 2 (TWSC-AWSC)使得交叉口总延误、尾气排放以及燃油消耗均增加,随着主路或次路左转比例的增大,各指标增加幅度先增大后减小,但变化不明显。CM 3 (TWSC-RA)使得交叉口总延误、尾气排放以及燃油消耗均降低,其降低幅度随主路左转比例增大而迅速增加,随着次路左转比例变化而略为降低。

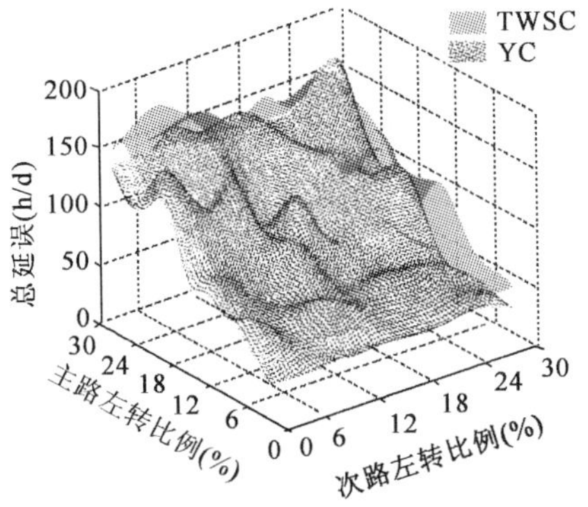

a)CM1:TWSC-YC

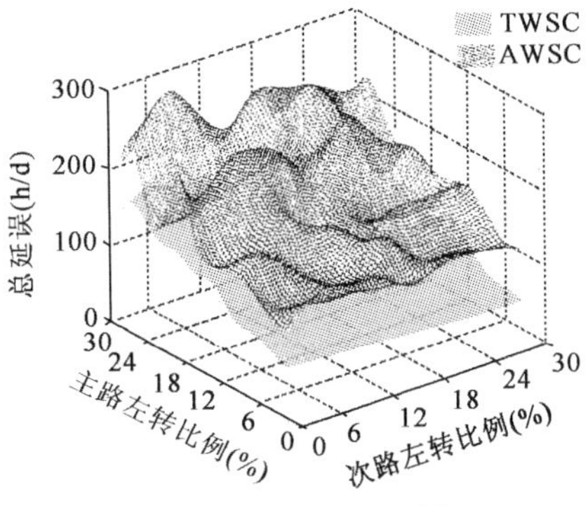

b)CM2:TWSC-AWSC

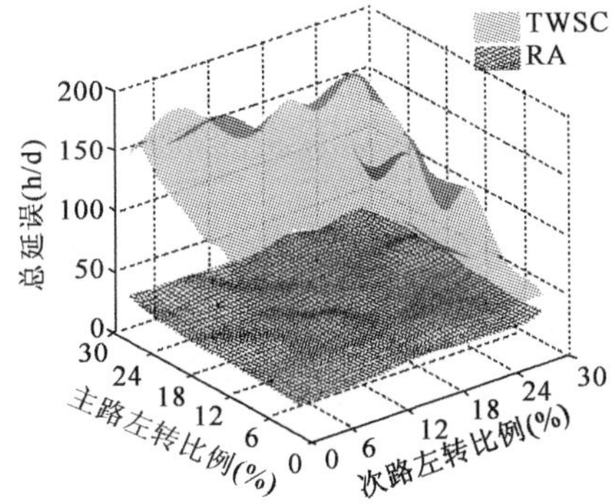

c)CM3:TWSC-RA

图 3-8 主次路左转比例对总延误的影响

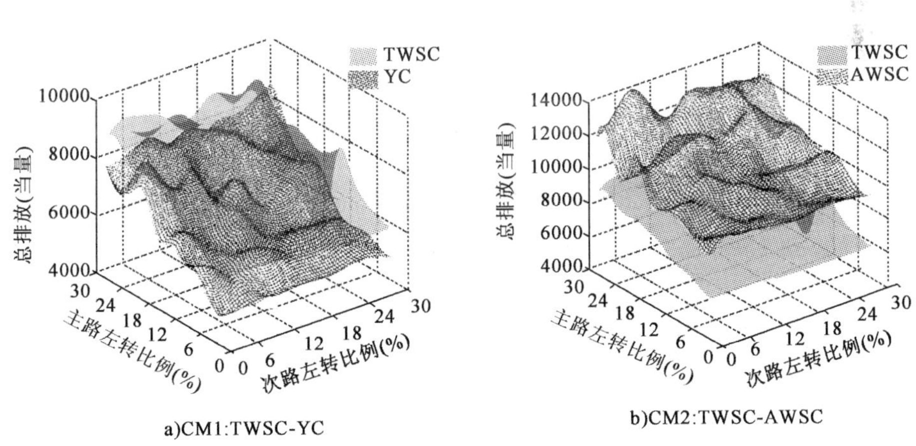

a)CM1:TWSC-YC

b)CM2:TWSC-AWSC

图 3-9

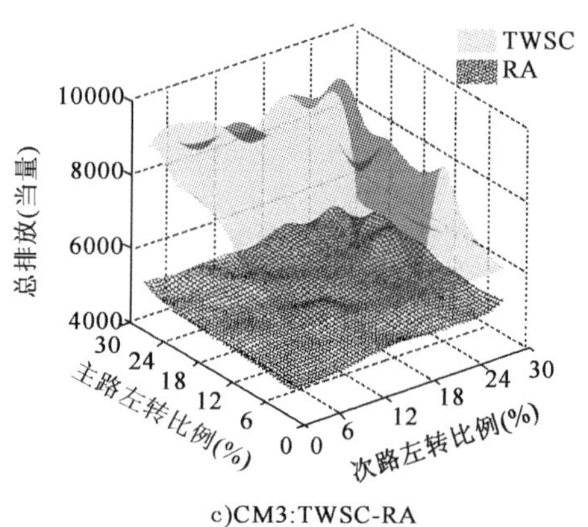

c)CM3:TWSC-RA

图 3-9　主次路左转比例对总排放的影响

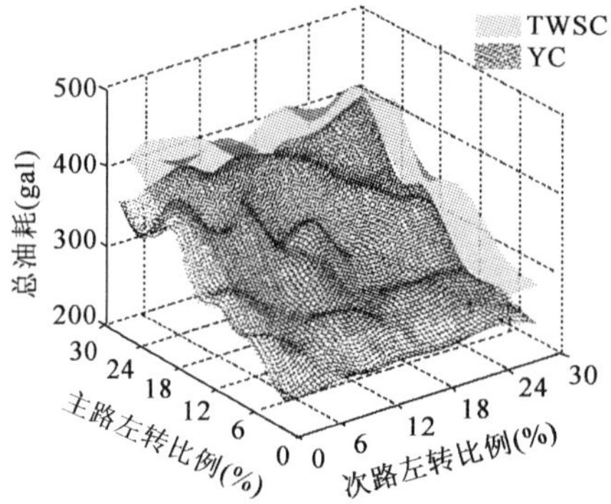

a)CM1:TWSC-YC

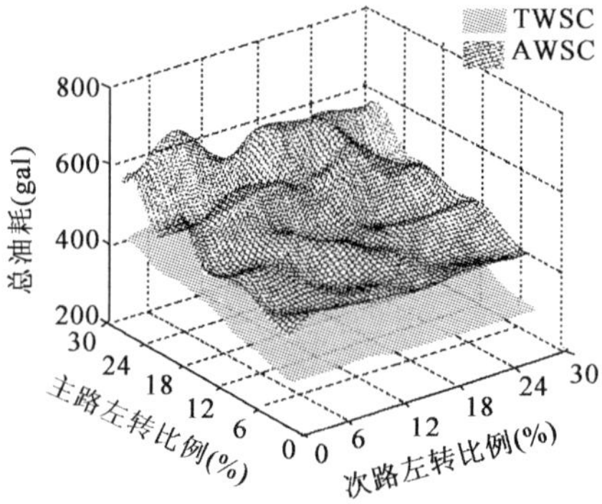

b)CM2:TWSC-AWSC

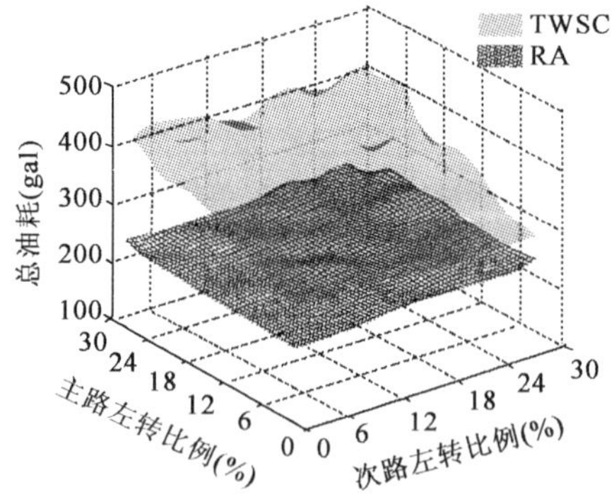

c)CM3:TWSC-RA

图 3-10　主次路左转比例对总油耗的影响

3.2.3 交通设计对交通安全影响分析

表3-3总结了现有文献中各改善措施的事故修正系数。

各改善措施事故修正系数 表3-3

改善措施		CMF 均值	CMF 标准差	严重程度	主路流量	次路流量
CM 1	TWSC-YC	2.27	1.26	所有	—	—
CM 2	TWSC-AWSC	0.319	0.022	所有	680~15400	680~15400
		0.393	0.033	所有	680~15100	680~15100
		0.23	0.025	死伤	680~15400	680~15400
		0.276	0.037	死伤	680~15100	680~15100
		0.3	0.03	死伤	—	—
CM 3	TWSC-RA	0.56	0.04	所有		
		0.71	0.09	所有		
		0.61	0.10	所有		
		0.88	0.17	所有		
		0.18	0.03	死伤		
		0.19	0.08	死伤		
		0.22	0.1	死伤		

根据3.1.2节基于荟萃分析的CMF计算方法，各方案CMF如表3-4所示。

各改善措施事故修正系数计算值 表3-4

改善措施		严重程度	均值	s	s^2	$1/s^2$	权重	加权均值	标准差
CM 1	TWSC-YC	所有	2.27	1.26	1.5876	1	1.00	2.27	1.26
CM 2	TWSC-AWSC	所有	0.319	0.02	0.0005	2066	0.69	0.22	
			0.393	0.03	0.0011	918	0.31	0.12	
		总计				2984		0.34	0.018
		死伤	0.23	0.03	0.0006	1600	0.46	0.11	
			0.276	0.04	0.0014	730	0.21	0.06	
			0.3	0.03	0.0009	1111	0.32	0.10	
		总计				3442		0.26	0.017

续上表

改善措施		严重程度	均值	s	s^2	$1/s^2$	权重	加权均值	标准差
CM 3	TWSC-RA	所有	0.56	0.04	0.0016	625	0.71	0.40	
			0.71	0.09	0.0081	123	0.14	0.10	
			0.61	0.10	0.0100	100	0.11	0.07	
			0.88	0.17	0.0289	35	0.04	0.03	
		总计				883		0.60	0.034
		死伤	0.18	0.03	0.0009	1111	0.81	0.15	
			0.19	0.08	0.0064	156	0.11	0.02	
			0.22	0.10	0.0100	100	0.07	0.02	
		总计				1367		0.18	0.027

由计算结果可得，CM 1（TWSC-YC）、CM 2（TWSC-AWSC）、CM 3（TWSC-RA）对于TWSC交叉口总事故修正系数分别为(2.27, 1.26)，(0.34, 0.018)，(0.60, 0.034)。其中，CM 2（TWSC-AWSC）对交通安全的改善效果最佳。

3.2.4 评价指标悖反分析

根据上述计算结果，当交叉口主路AADT变化范围为700～15100veh/d，次路AADT变化范围为700～5650veh/d，主、次路左转及右转车流比例均为20%时，各交通设计改善方案评价指标如表3-5所示。

各改善措施评价指标计算值(1) 表3-5

评价内容	评价指标	CM 1（TWSC-YC）	CM 2（TWSC-AWSC）	CM 3（TWSC-RA）
运行效率	交叉口总延误(h/d)	-99.78～-0.92	-17.52～129.86	-148.39～-0.64
交通环境	尾气排放当量值	-3070.39～-119.39	91.04～4774.42	-4344.78～-115.58
能源消耗	燃油消耗(gal/d)	-141.84～-5.52	4.08～220.08	-200.52～-5.40
交通安全	事故修正系数(所有事故)	(2.27, 1.26)	(0.34, 0.018)	(0.60, 0.034)
	事故修正系数(死伤事故)	—	(0.26, 0.017)	(0.18, 0.027)
实施成本	安装费用(元)	3463～7164	3818～8802	500000～800000
	年维护费用(元)	65～266	420～1904	20000～50000

根据表3-5，不同交通设计改善措施的改善效果在各评价指标之间存在冲突。CM 1（TWSC-YC）作为一种运行效率改善措施，使得交叉口总延误、尾气排放以及燃油消耗在所有交通流量条件下均降低，然而它对交通安全存在负面影响。CM 2（TWSC-AWSC）作为一种交通安全改善措施，在很大程度上能够提升交通安全性能，但对交通效率及环境存在负面影响，使得交叉口总延误、尾气排放以及燃油消耗在大部分交通流量条件下均增加。CM 3（TWSC-RA）作为一种交通宁静化措施，它对运行效率、交通环境以及能源消耗的改善效果非常显著，同时对交通安全也存在改善作用，但与CM 1（TWSC-YC）和CM 2（TWSC-AWSC）相比，其安装费用及年维修费用相对较高。

当交叉口主路AADT为15100veh/d，次路AADT为4550veh/d，主路、次路左转车流比例变化范围为0～30%，主、次路右转车流比例为20%时，各交通设计改善方案评价指标如表3-6所示。

各改善措施评价指标计算值(2) 表3-6

评价内容	评价指标	CM 1（TWSC-YC）	CM 2（TWSC-AWSC）	CM 3（TWSC-RA）
运行效率	交叉口总延误(h/d)	-83.65～28.92	-21.36～112.37	-151.51～-13.04
交通环境	尾气排放当量值	-2312.11～3085.15	1050.45～6994.38	-4288.52～612.82
能源消耗	燃油消耗(gal/d)	-106.92～-12.72	48.60～222.12	-213.60～38.52
交通安全	事故修正系数（所有事故）	(2.27，1.26)	(0.34，0.018)	(0.60，0.034)
	事故修正系数（死伤事故）	—	(0.26，0.017)	(0.18，0.027)
实施成本	安装费用(元)	3463～7164	3818～8802	500000～800000
	年维护费用(元)	65～266	420～1904	20000～50000

根据表3-6，当主路、次路左转车流比例变化时，不同交通设计改善措施的改善效果在各评价指标之间亦存在冲突。CM 1（TWSC-YC）交叉口延误及尾气排放量在大部分车流比例情况下降低，而另外一小部分车流比例条件下（主、次路左转比例均接近30%）增加；燃油消耗在所有车流比例条件下均降低；但该设计方式对交通安全存在负面影响。CM 2（TWSC-AWSC）仅在一小部分车流比例（主路左转车流比例约为24%，次路左转车流比例为6%～9%）情况下交叉口延误降低，而其他车流比例情况下对交通效率、环境及能耗指标存在负面影响，使得交叉口总延误、尾气排放以及燃油消耗在大部分交通流量下均增加；但该方式能够在很大程度上提升交通安全性能。CM 3（TWSC-RA）在各主次路左

转比例下交叉口总延误、尾气排放以及燃油消耗指标均降低，同时对交通安全也存在改善作用，但与 CM 1（TWSC-YC）和 CM 2（TWSC-AWSC）相比，其安装费用及年维修费用相对较高。

因此，在不同的交通流量及车流构成情况下，各评价指标之间存在悖反关系，在改善某一评价指标时可能对另一评价指标存在负面影响。与此同时，对于同一评价指标，各方案在交叉口交通条件变化时，其影响效果也存在巨大差异。由此，需要将各评价指标进行整合归纳，从而实现对交叉口交通设计的综合评价。

3.3 本章小结

本章从交叉口管理控制方式和交叉口渠化设计两方面分析不同设计方式对于交叉口各评价指标的影响。选取三种典型的城市道路平面交叉口设计方式，包括将次路停车控制交叉口变为次路让行控制交叉口、将次路停车控制交叉口变为四路停车控制交叉口以及将次路停车控制交叉口变为环形交叉口。结合第 2 章的运行效率、交通环境以及交通安全评价方法分析在不同的交通条件下各设计方式如何影响交叉口运行状况，其中运行效率评价指标为交叉口总延误（h/d），交通环境评价指标为尾气排放当量值，能源消耗评价指标为燃油消耗（gal/d），交通安全评价指标为事故修正系数，实施成本指标为安装费用（元）及年维护费用（元）。根据计算结果，得到结论如下：

（1）对于每一种设计方案，各评价指标之间均存在悖反关系，在改善某一评价指标时对另一评价指标存在负面影响。CM 1（TWSC-YC）作为一种运行效率改善措施，使得交叉口总延误、尾气排放以及燃油消耗在大部分交通流量条件下均降低，然而它对交通安全存在负面影响。CM 2（TWSC-AWSC）作为一种交通安全改善措施，在很大程度上能够提升交通安全性能，但对交通效率及环境存在负面影响。CM 3（TWSC-RA）作为一种交通宁静化措施，它对运行效率、交通环境、能源消耗以及交通安全的改善效果均非常显著，但安装费用及年维修费用相对较高。

（2）交叉口的运行状况不仅取决于交叉口设计方式，还取决于进入交叉口的交通量以及车流构成等因素。对于同一评价指标，各方案在交叉口交通条件变化时，其影响效果存在巨大差异。

第4章 平面交叉口交通设计多目标综合评价

由于在不同的交通流量及车流构成情况下，各评价指标之间存在悖反关系，在改善某一评价指标时可能对另一评价指标存在负面影响。与此同时，对于同一评价指标，各方案在交叉口交通条件变化时，其影响效果也存在巨大差异。由此，需要将各评价指标进行整合归纳，从而实现对交叉口交通设计的综合评价。

本章采用成本—效益分析法（CBA）进行交通设计多目标综合评价。该方法将工程项目生命周期内所有相关影响全部转化成货币价值，通过对比项目的成本和收益量化指标来评估项目的经济可行性，从而辅助工程投资及决策。在交通项目的经济效益组成中，出行时间的节省、事故费用的减少、环境污染成本的降低以及交通工具燃油消耗的节省是总效益中最主要的组成部分。本章侧重论述如何将效率、安全、环境等指标转化成经济指标。

本章的框架结构如图4-1所示。

4.1 多目标综合评价方法综述

多目标综合评价是指根据评价者选择的多个目标判断评价对象的属性，通过一定的方法或数学模型将各个目标属性值合成，为评价对象赋予整体性的、全局性的评价值，据此择优或排序。综合评价一般步骤如下：

（1）明确评价目的，确定被评价对象。

（2）确立评价指标和评价指标体系。

（3）指标体系标准化（规范化/归一化/同向化和无量纲化）。

（4）确定权重系数。

(5)构建综合评价模型。

(6)计算综合评价值,得出评价结果。

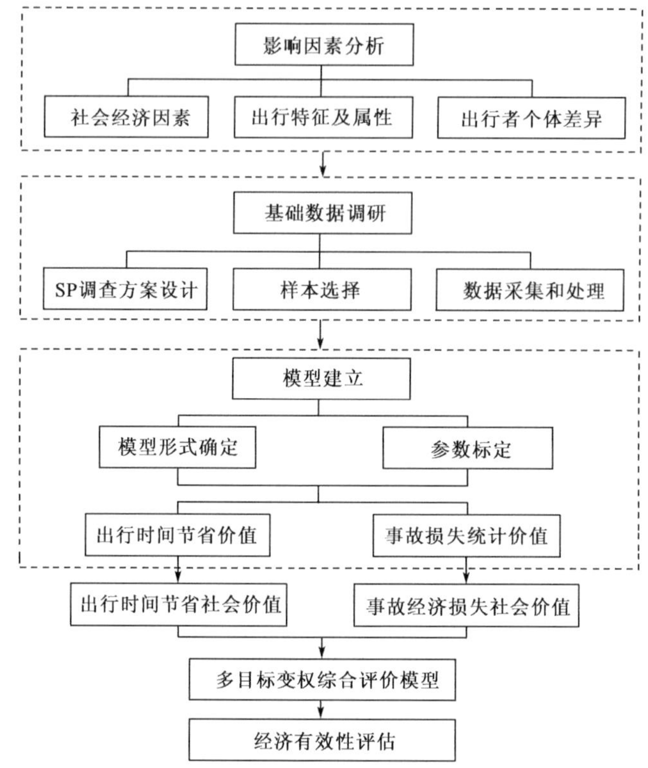

图 4-1　本章框架结构

常用的多目标综合评价方法大体可以分为以下四大类:

(1)专家评价方法,如专家打分综合法。

(2)运筹学和其他数学方法,如简单线性加权法,理想解法(Hwang & Yoon,1981),秩和比法(田凤调,1988),模糊综合评价评判法(Zadeh,1965)。

(3)新型评价方法,如人工神经网络法(Rumelhart,1985),灰色综合评价法(邓聚龙,1982)。

(4)集成方法,即将几种方法合成,如将层次分析法与灰色综合评价法相结合。

4.1.1 简单线性加权法

简单线性加权法是一种常用的多目标综合评价方法。这种方法在确定各指标的权重系数的基础上,求出各方案的线性加权平均值,并以此作为各可行方案排序的判据。方案 i 的综合评价值为:

$$u_i = w_1 x_{i1} + w_2 x_{i2} + \cdots + w_m x_{im} = \sum_{j=1}^{m} w_j x_{ij} \tag{4-1}$$

式中:w_j——第 j 个指标的权重;

x_{ij}——方案 i 第 j 个指标的评价值。

简单线性加权法特征为:①突出“较大”指标值或权值的作用;②较适用于各指标间相互独立的场合。

4.1.2 理想解法

理想解法也称逼近理想解排序(TOPSIS)法,其原理是根据评价对象各指标与理想解的接近程度进行排序。理想解包括两种类型,正理想解与负理想解,其中正理想解各指标值均达到备选方案中的最优值,负理想解各指标值均为备选方案中的最差值。TOPSIS 法通过计算评价对象指标值与正理想解和负理想解的距离来计算贴近度,评价对象与正理想解越接近,贴近度越接近于 1,表示方案越优;评价对象与负理想解越接近,贴近度越接近于 0,表示方案越差。基于 TOPSIS 法的多目标综合评价步骤如下:

(1)设有 m 个评价方案,每个方案有 n 个评价指标,首先计算各评价指标值。用 x_{ij}表示第 i 个方案第 j 个指标的评价值,则初始判断矩阵 $\boldsymbol{V}$ 为:

$$\boldsymbol{V} = \begin{pmatrix} x_{11} & x_{12} & \cdots & x_{1n} \\ x_{21} & x_{22} & \cdots & x_{2n} \\ \vdots & \vdots & \vdots & \vdots \\ x_{i1} & \cdots & x_{ij} & \cdots \\ \vdots & \vdots & \vdots & \vdots \\ x_{m1} & x_{m2} & \cdots & x_{mn} \end{pmatrix} \tag{4-2}$$

(2)由于各个指标的量纲可能不同,需要对决策矩阵进行归一化处理,即将评价指标无量纲化。

$$V' = \begin{pmatrix} x'_{11} & x'_{12} & \cdots & x'_{1n} \\ x'_{21} & x'_{22} & \cdots & x'_{2n} \\ \vdots & \vdots & \vdots & \vdots \\ x'_{i1} & \cdots & x'_{ij} & \cdots \\ \vdots & \vdots & \vdots & \vdots \\ x'_{m1} & x'_{m2} & \cdots & x'_{mn} \end{pmatrix} \tag{4-3}$$

其中,

$$x'_{ij} = \frac{x_{ij}}{\sqrt{\sum_{j=1}^{n} x_{ij}^2}} \quad (i=1,2,\cdots,m;j=1,2,\cdots,n) \tag{4-4}$$

或

$$x'_{ij} = \frac{x_{ij} - x_{j\min}}{x_{j\max} - x_{j\min}} \tag{4-5}$$

(3)用 $\boldsymbol{B}$ 表示各指标的权重矩阵,计算加权判断矩阵。

$$\boldsymbol{Z} = \boldsymbol{V}'\boldsymbol{B} = \begin{pmatrix} x'_{11} & x'_{12} & \cdots & x'_{1n} \\ x'_{21} & x'_{22} & \cdots & x'_{2n} \\ \vdots & \vdots & \vdots & \vdots \\ x'_{i1} & \cdots & x'_{ij} & \cdots \\ \vdots & \vdots & \vdots & \vdots \\ x'_{m1} & x'_{m2} & \cdots & x'_{mn} \end{pmatrix} \begin{pmatrix} w_1 & 0 & \cdots & 0 \\ 0 & w_2 & \cdots & 0 \\ \vdots & \vdots & \vdots & \vdots \\ 0 & \cdots & w_j & \cdots \\ \vdots & \vdots & \vdots & \vdots \\ 0 & 0 & \cdots & w_n \end{pmatrix} = \begin{pmatrix} f_{11} & f_{12} & \cdots & f_{1n} \\ f_{21} & f_{22} & \cdots & f_{2n} \\ \vdots & \vdots & \vdots & \vdots \\ f_{i1} & \cdots & f_{ij} & \cdots \\ \vdots & \vdots & \vdots & \vdots \\ f_{m1} & f_{m2} & \cdots & f_{mn} \end{pmatrix} \tag{4-6}$$

(4)根据加权判断矩阵获取评价目标的正负理想解。

正理想解:

$$f_j^* = \begin{cases} \max(f_{ij}), j \in J^* \\ \min(f_{ij}), j \in J^- \end{cases} \quad (j=1,2,\cdots,n) \tag{4-7}$$

负理想解：

$$f_j^- = \begin{cases} \min(f_{ij}), j \in J^* \\ \max(f_{ij}), j \in J^- \end{cases} \quad (j = 1, 2, \cdots, n) \tag{4-8}$$

式中：J^*——效益型指标，即指标值越大越好；

J^-——成本型指标，即指标值越小越好。

(5)计算各目标值与理想值之间的欧氏距离。

$$S_i^* = \sqrt{\sum_{j=1}^{m} (f_{ij} - f_j^*)^2} \tag{4-9}$$

$$S_i^- = \sqrt{\sum_{j=1}^{m} (f_{ij} - f_j^-)^2} \tag{4-10}$$

(6)计算各指标与理想解的相对贴近度。

$$C_i^* = \frac{S_i^-}{S_i^* + S_i^-} \quad (i = 1, 2, \cdots, m) \tag{4-11}$$

(7)根据 C_i^* 的值按从小到大的顺序对各评价目标进行排序。排序结果贴近度 C_i^* 值越大，该目标越优，C_i^* 值最大的为最优评价目标。

从 TOPSIS 法的排序决策步骤可知，TOPSIS 法存在如下缺点：①权重 $w_j(j=1,2,\cdots,n)$需要事先确定；②当方案 z_i、z_j关于 f^* 和 f^- 的连线对称时，由于 $f_i^* = f_j^*$，$f_i^- = f_j^-$，此时无法比较 z_i、z_j的优劣。

4.1.3 秩和比法

秩和比法（Rank-Sum Ratio，简称 RSR 法）是我国学者田凤调于 1988 年提出的集古典参数估计与近代非参数统计各自优点于一体的统计分析方法，它适用于行×列表资料的综合评价。其中，秩和比是各项评价指标秩次的平均值，是一个非参数统计量，为 0～1 区间内的连续变量，反映多项评价指标的综合信息，其值越大说明评价对象越优。

秩和比法的基本思想是在一个 n 行（n 个评价对象）m 列（m 个评价指标）的原始数据矩阵中，通过秩转换，获得无量纲的统计量 RSR，以 RSR 值对评价对象的优劣进行分档或排序。

秩和比法的模型及步骤如下：

(1)编秩(R)

高优指标从小到大编秩，低优指标从大到小编秩，最小值编以 1，相同者取平均值。偏高优指标的秩次 =（高优秩次 + $n/2$ + 0.5）/2，稍高优指标的秩次 = [（高优秩次 + $n/2$ + 0.5）/2 + $n/2$ + 0.5]/2，偏低优指标的秩次 =（低优秩次 + $n/2$ + 0.5）/2，稍低优指标的秩次 = [（低优秩次 + $n/2$ + 0.5）/2 + $n/2$ + 0.5]/2。

(2)计算秩和比(RSR)

在一个 n 行 m 列的矩阵中，如各评价指标权重相同，秩和比的计算公式为：

$$\mathrm{RSR}_i = \sum_{j=1}^{m} \frac{R_{ij}}{m \times n} \tag{4-12}$$

如权重不同，计算加权秩和比：

$$\mathrm{WRSR}_i = \frac{1}{n} \sum_{j=1}^{m} W_j R_{ij} \tag{4-13}$$

式中：R_{ij}——第 i 行第 j 列元素的秩次。

(3)确定 RSR 的分布

将各情况的 RSR 值由小到大排列，计算频率及向下累计频率 $\overline{R}/n$，通过查《百分数与概率单位对照表》，求出其对应的概率单位值 y。

RSR→f，f 累加，秩次范围 R，平均秩次 $\overline{R}$，向下累计频率 $\overline{R}/n \times 100\%$ →概率单位 y。

(4)计算回归方程

以累计频率对应的概率单位值 y 为自变量，RSR 值为因变量，计算回归方程：

$$\mathrm{R\hat{S}R} = a + b \times y \tag{4-14}$$

运用相关和回归分析 RSR 与 y 之间的线性相关性，并进行方差分析。

(5)分档

按合理分档数表，以 RSR 值对评价对象进行分档排序。

4.1.4 灰色综合评价法

关联度分析是分析系统中各元素之间关联程度或相似程度的方法，其基本思想是依据关联序列曲线几何形状的相似程度来判断其联系是否紧密，曲线越接近,相应序列之间的关联度就越大,反之越小。在确定最优指标集后,评价方法与最优指标集越接近,则表示方案越优。

灰色关联分析方法步骤如下:

(1)根据评价目的确定评价指标体系,收集评价数据。

(2)确定最优指标集(F^*)。

假设矩阵 $\boldsymbol{F}$ 如下:

$$\boldsymbol{F}=\begin{array}{c} \\ x_1 \\ x_2 \\ \vdots \\ x_n \end{array}\begin{array}{c} \begin{matrix} f_1 & f_2 & \cdots & f_m \end{matrix} \\ \begin{pmatrix} a_{11} & a_{12} & \cdots & a_{1m} \\ a_{21} & a_{22} & \cdots & a_{2m} \\ \vdots & \vdots & \vdots & \vdots \\ a_{n1} & a_{n2} & \cdots & a_{nm} \end{pmatrix} \end{array} \tag{4-15}$$

$$\boldsymbol{F}^*=[a_1^*,a_2^*,\cdots,a_m^*]$$

式中:$a_i{}^*(i=1,2,\cdots,m)$——第 i 个指标的最优值;

F^*——最优指数集。

选定最优指标集后,可建立矩阵 $\boldsymbol{D}$。

$$\boldsymbol{D}=\begin{pmatrix} a_1^* & a_2^* & \cdots & a_m^* \\ a_{11} & a_{12} & \cdots & a_{1m} \\ a_{21} & a_{22} & \cdots & a_{2m} \\ \vdots & \vdots & \vdots & \vdots \\ a_{n1} & a_{n2} & \cdots & a_{nm} \end{pmatrix} \tag{4-16}$$

(3)对指标数据进行无量纲化。

无量纲化后的数据序列形成如下矩阵($\boldsymbol{E}$):

$$\boldsymbol{E}=\begin{pmatrix} a_1^{*\prime} & a_2^{*\prime} & \cdots & a_m^{*\prime} \\ a'_{11} & a'_{12} & \cdots & a'_{1m} \\ a'_{21} & a'_{22} & \cdots & a'_{2m} \\ \vdots & \vdots & \vdots & \vdots \\ a'_{n1} & a'_{n2} & \cdots & a'_{nm} \end{pmatrix} \tag{4-17}$$

(4)求差数列 Δ_{ij}。

$$\Delta_{ij} = |a'_{ij} - a_j^{*\prime}| \quad (i=1,2,\cdots,n;j=1,2,\cdots,m) \tag{4-18}$$

差数列表示第 i 个评价对象第 j 个指标数据与最优指标集中第 j 个指标数据的绝对差。

(5)计算关联系数 r_{ij}。

$$r_{ij} = \frac{\min\limits_i \min\limits_j |\Delta_{ij}| + \rho \cdot \max\limits_i \max\limits_j |\Delta_{ij}|}{|\Delta_{ij}| + \rho \cdot \max\limits_i \max\limits_j |\Delta_{ij}|} \quad (i=1,2,\cdots,n;j=1,2,\cdots,m) \tag{4-19}$$

式中:ρ——分辨系数,$\rho \in (0,1)$,ρ 越小,关联系数间差异越大,区分能力越强。通常取 $\rho = 0.5$。

(6)计算第 i 个评价对象的灰色关联度 r_i。

$$r_i = \sum_{j=1}^{m} w_j r_{ij} \quad (i=1,2,\cdots,n;j=1,2,\cdots,m) \tag{4-20}$$

式中:w_j——第 j 个指标的归一化权重系数。

(7)将 i 个评价对象的灰色关联度 r_i 根据大小排序,得出评价对象优劣顺序。

4.1.5 模糊综合评价法

在客观世界中存在许多不确定的现象,这种不确定性主要表现在两个方面:一是随机性,即事件是否发生的不确定性;二是模糊性,即事件本身状态的不确定性。模糊综合评价是以 Zadeh 提出的模糊数学理论为基础,应用模糊关系合成的原理,通过建立等级模糊子集确定评价对象隶属度,然后利用模糊变换原理对各指标进行评价的一种方法。具体步骤如下:

(1)确定评价对象因素论域

$$u = \{u_1, u_2, \cdots, u_i, \cdots, u_p\} \tag{4-21}$$

式中:u_i——第 i 个评价指标($i=1,2,\cdots,p$)。

(2)确定评价等级集合

$$v = \{v_1, v_2, \cdots, v_p\} \tag{4-22}$$

其中,$v_1, v_2, \cdots, v_p$ 每一个等级对应一个模糊子集。

(3)建立模糊关系矩阵 $\boldsymbol{R}$

量化评价对象各因素指标值,即确定模糊子集隶属度($R|u_i$),得到模糊关系矩阵:

$$\boldsymbol{R}=\begin{bmatrix} R| & u_1 \\ R| & u_2 \\ \cdots & \\ R| & u_p \end{bmatrix}=\begin{bmatrix} r_{11} & r_{12} & \cdots & r_{1m} \\ r_{21} & r_{22} & \cdots & r_{2m} \\ \cdots & \cdots & \cdots & \cdots \\ r_{p1} & r_{p2} & \cdots & r_{pm} \end{bmatrix}_{p\times m} \tag{4-23}$$

式中：r_{ij}——评价对象从因素 u_i来看对 v_j等级模糊子集的隶属度（$i=1,2,\cdots,p$；$j=1,2,\cdots,m$）。

（4）确定评价因素的权向量

$$\boldsymbol{A}=(a_1,a_2,\cdots,a_i,\cdots,a_p) \tag{4-24}$$

式中：a_i——因素 u_i对模糊子集归一化的隶属度（$i=1,2,\cdots,p$）。

（5）合成模糊综合评价结果向量

将权向量与各评价对象的模糊关系矩阵合成，得到各对象模糊综合评价结果向量 $\boldsymbol{B}$，即：

$$\boldsymbol{A}\cdot\boldsymbol{R}=(a_1,a_2,\cdots,a_p)\begin{bmatrix} r_{11} & r_{12} & \cdots & r_{1m} \\ r_{21} & r_{22} & \cdots & r_{2m} \\ \cdots & \cdots & \cdots & \cdots \\ r_{p1} & r_{p2} & \cdots & r_{pm} \end{bmatrix}=(b_1,b_2,\cdots,b_j,\cdots,b_m)=\boldsymbol{B} \tag{4-25}$$

式中：b_j——评价对象对 v_j等级模糊子集的综合隶属程度（$j=1,2,\cdots,m$）。

（6）对模糊综合评价结果向量进行分析

使用加权平均求隶属等级，从而实现对于多个被评事物的等级排序。

4.1.6 人工神经网络评价法

人工神经网络评价法是模仿生物神经网络功能的一种经验模型，它根据输入的信息建立神经元，通过学习规则或自组织等过程建立相应的非线性数学模型，并不断进行修正，使输出结果与实际值之间的差距不断缩小，训练所得网络权重可以用于正式的评价。

人工神经网络法的实质是依据所提供的样本数据，通过学习和训练，抽取样本所隐含的特征关系，以神经元件连接权值的形式存储专家的知识。由于神经网络及其算法增加了中间隐含层并有相应的学习规则可循，使其具有对非线性模式的识别能力，特别是其数学意义明确，学习算法步骤分明，使其在多目标综合评价领域具有广泛的应用前景。

4.1.7 多目标综合评价模型汇总

将上述多目标综合评价模型汇总，如表4-1所示。其中，线性加权法得到的评价结果为评价值，理想解法、秩和比法和灰色关联度评价法得到的评价结果为各方案排序，模糊综合评判法得到的评价结果为方案隶属度，而神经网络法得到的评价结果形式不一。各方案均需已知各评价指标的绝对或相对权重，因此，本章下一节重点分析指标权重系数计算方法。

多目标综合评价模型汇总　表4-1

方法名称	提　出	原　理	结果形式	特　点
线性加权法		以各方案的线性加权指标平均值作为各可行方案排序的判据	评价值	方法直观，计算简便；需已知权重
理想解法（TOPSIS）	Hwang & Yoon, 1981	通过检测评价对象与最优解、最劣解的距离进行排序，最靠近“最优解”同时最远离“最劣解”的方案为最佳方案，反之为最差	方案排序	根据距离计算的贴近度进行方案排序，需已知权重
秩和比法（RSR）	田凤调，1988	通过秩转换，获得无量纲统计量RSR，以RSR值对评价对象的优劣进行分档排序	方案排序	进行方案排序，需已知权重
灰色关联度评价法	邓聚龙，1982	依据关联序列曲线几何形状的相似程度来判断其联系是否紧密，曲线越接近，相应序列之间的关联度就越大，反之越小	方案排序	根据相似程度计算的贴近度进行方案排序，需要已知权重
模糊综合评判法	Zadeh，1965	以模糊数学为基础，应用模糊关系合成原理，将边界不清、不易定量的因素定量化，从多个因素对被评价事物隶属等级状况进行综合评价	评价结果隶属度	根据隶属度进行综合评价，需要已知权重
BP人工神经网络法	Rumelhart, 1985	通过样本的“学习和训练”，找出输入与输出之间的内在联系，以神经元件连接权值的形式存储专家的知识，将训练所得网络用于正式评价		启发式学习算法进行评价，需输入评价样本

4.2 指标权重确定方法

在多目标综合评价理论中，权重是表明各个评价指标重要性的权数，表示各个评价指标在总体中所起的作用大小。权重有不同的种类,各种类别的权重有着不同的数学含义,一般有以下几种权重。

按照权重的表现形式的不同,可分为绝对数权重和相对数权重。相对数权重也称比重权数,能更加直观地反映权重在评价模型中的作用。

按照权重的形成方式划分,可分为客观权重和主观权重。客观权重是由于变换统计资料的表现形式和统计指标的合成方式而得到的权重,也称为自然权重。主观权重是根据研究目的和评价指标的内涵主观地分析、判断来确定得到的反映各个指标重要程度的权数,也称为人工权重。

按权数的性质分,有估价权数、信息量权数、可靠性权数、系统效应权数等。估价权数是从评价者的角度认定各评价指标对项目重要性程度大小而确定的一种权数,为估计值;信息量权数是从评价指标所包含的对各评价对象分辨信息量的多少(区分度的高低)来确定的一种统计权数;可靠性权数是根据评价指标的数据可靠性高低来判断其权数大小;系统效应权数是根据某评价指标与被评价事物总水平的关系来确定的,正相关时,权数为正,负相关时,权数为负。

按照权重与待评价的各个指标之间相关程度划分,可分为独立权重和相关权重。独立权重是指评价指标的权重与该指标数值的大小无关,在综合评价中较多地使用独立权重,以此权重建立的综合评价模型称为"定权综合"模型。相关权重是指评价指标的权重与该指标的数值具有函数关系,例如,当某一评价的指标数值达到一定水平时,该指标的重要性相应地增加或减弱。相关权重适用于评价指标的重要性随着指标取值的不同而发生变化的条件下,基于相关权重建立的综合评价模型被称为"变权综合"评价模型。

目前常用的指标权重确定方法包括:层次分析法、熵值法、极差法、变异系数法、复相关系数法等,各方法的原理和计算思路如下。

4.2.1 层次分析法

层次分析法(Analytic Hierarchy Process, AHP),又称 AHP 构权法,是美国 Saaty 教授于 20 世纪 70 年代初期提出的一种简便实用的多因素决策分析方法。这一方法现被广泛应用于各个领域的决策分析过程中,其基本思想是将复杂的评价对象排列为一个有序的递阶层次结构的整体,然后在各个评价指标之间进行两两比较、判断,计算各个评价指标的相对重要性系数,即权重。

AHP 方法是一种定性定量相结合的多目标决策方法,能够有效地分析目标准则体系层次间的非序列关系。其决策分析的基本步骤如下:

(1)确定目标和评价因素,建立层次结构模型。

将决策的目标、考虑的因素(决策准则)和决策对象按它们之间的相互关系分为最高层、中间层和最低层,绘出层次结构图,用不同形式的框图标明层次的递阶结构和元素的从属关系。

最高层(A):决策的目的、要解决的问题。

中间层(B):考虑的因素、决策的准则。

最低层(C):决策时的备选方案。

(2)建立各层次中的所有判断矩阵,求解权向量。

层次分析法的核心问题是建立一个构造合理且一致的判断矩阵,判断矩阵的合理性受到标度的合理性的影响。所谓标度是指评价者对各个评价指标(或者项目)重要性等级差异的量化概念。确定指标重要性的量化标准常用的方法有:比例标度法和指数标度法。比例标度法是以对事物质的差别的评判标准为基础,一般以 5 种判别等级表示事物质的差别。当评价分析需要更高的精确度时,可以使用 9 种判别等级来评价,如表 4-2 所示。

比例标度值体系表(重要性系数 C_{ij}) 表 4-2

取值含义	1~9 标度	5/5~9/1 标度	9/9~9/1 标度
i 与 j 同等重要	1	5/5=1	9/9=1
i 比 j 较为重要	3	6/4=1.5	9/7=1.286
i 比 j 更为重要	5	7/3=2.33	9/5=1.8
i 比 j 强烈重要	7	8/2=4	9/3=3
i 比 j 极端重要	9	9/1=9	9/1=9
介于上述相邻两级之间重要程度的比较	2	5.5/4.5=1.222	9/8=1.125
	4	6.5/3.5=1.875	9/6=1.5
	6	7.5/2.5=3	9/4=2.25
	8	8.5/1.5=5.67	9/2=4.5
j 与 i 比较	上述各数的倒数	上述各数的倒数	上述各数的倒数

第一步,建立判断矩阵。假定上一层的元素 A 对下一层元素 $B_1, B_2, \cdots, B_n$ 有支配关系,则应当在准则 A 下按其相对重要性赋予 $B_1, B_2, \cdots, B_n$ 相应权重。

赋值可依据专家对评价指标的评价，进行两两比较，其初始权数形成判断矩阵，其中第 i 行和第 j 列的元素 B_{ij} 表示指标 B_i 与 B_j 比较后所得的标度系数，如式(4-26)所示。

$$\boldsymbol{A}=\begin{pmatrix} B_{11} & B_{12} & \cdots & B_{1j} & \cdots & B_{1n} \\ B_{21} & B_{22} & \cdots & B_{2j} & \cdots & B_{2n} \\ \vdots & \vdots & \vdots & \vdots & \vdots & \vdots \\ B_{i1} & \cdots & \cdots & B_{ij} & \cdots & B_{in} \\ \vdots & \vdots & \vdots & \vdots & \vdots & \vdots \\ B_{n1} & B_{n2} & \cdots & B_{nj} & \cdots & B_{nn} \end{pmatrix} \tag{4-26}$$

第二步，计算判断矩阵 $\boldsymbol{A}$ 中的每一行各标度数据的几何平均数，记作 w_i。

第三步，进行归一化处理。归一化处理是利用公式 $w_i' = w_i/\sum w_i$ 计算，依据计算结果确定各个指标的权重系数。

第四步，类似的，计算其余每个判断矩阵(B_1, B_2,…, B_n)的权重向量。

(3)层次单排序及其一致性检验。

由 $AW=\lambda_{\max}W$ 计算判断矩阵的最大特征根 $\lambda_{\max}$，及其对应的特征向量，此特征向量就是各评价因素对于上一层某因素的相对重要性排序，经归一化处理，即得层次单排序权重向量。

当需要确定权重的指标较多时，矩阵内的初始权数可能存在相互矛盾的情况，对于阶数较高的判断矩阵，可通过一致性检验判断评价指标权重的合理性。一致性检验的依据是：若 n 阶判断矩阵 $\boldsymbol{C}$ 是一致的，则 $\boldsymbol{C}$ 的最大特征根是 n，即 $\lambda_{\max}=n$。一致性指数 CI 计算公式如下：

$$\mathrm{CI}=\frac{\lambda_{\max}(A)-n}{n-1} \tag{4-27}$$

查表 4-3 得平均随机一致性指标(RI)值。

RI 值 查 询 表 表 4-3

n	3	4	5	6	7	8	9
RI	0.58	0.90	1.12	1.24	1.32	1.41	1.45

RI 值是用随机的方法建立的 500 个样本矩阵，建立方法是随机地用标度值填满样本矩阵的上三角各项，主对角线各项数值始终为 1，对应转置位置项则采

用上述对应位置随机数的倒数。然后对各个随机样本矩阵计算其一致性指标值,对这些 CI 值平均即得到平均随机一致性指标 RI 值。

计算一致性比率 CR:

$$CR = \frac{CI}{RI} \tag{4-28}$$

当 CR <0.1 时,认为成对比较阵具有满意的一致性。

当 CR >0.1 时,必须重新调整成对比较阵。

(4)层次总排序。

计算各层元素对系统目标的合成权重,进行总排序,以确定结构图中最底层各元素在总目标中的重要程度。这一过程是从最高层次到最低层次进行的。

层次分析法的优点是计算简便,结果明确,便于决策者直接了解和掌握。缺点在于存在较大的主观性。

4.2.2 熵值法

熵值法(Entropy Method)是一种根据各项指标观测值所提供信息量的大小来确定权重系数的方法。其理论依据是:某评价指标在各评价对象之间所表现出来的差异程度越大,则说明该指标中的“分辨信息”越多,从而赋予较大的权重。在信息论中,熵是对不确定性的一种度量。信息量越大,不确定性就越小,熵也就越小;信息量越小,不确定性越大,熵也越大。根据熵的特性,可以通过计算熵值来判断一个事件的随机性及无序程度,也可以用熵值来判断某个指标的离散程度,指标的离散程度越大,该指标对综合评价的影响越大。

设原始数据矩阵 $x = (x_{ij})_{n \times m}$ 对于给定的指标 j, 评价值 x_{ij} 的差异越大,该项指标在综合评价中所起的作用越大,指标的权重也应越大;如果某项指标全部相等,则该项指标在综合评价中不起作用,该指标的权重也应越小。具体计算过程如下:

(1)将各指标同向化且无量纲化(归一化方法)。

$$p_{ij} = \frac{x_{ij}}{\sum_{i=1}^{n} x_{ij}} \tag{4-29}$$

(2)计算第 j 项指标的熵值 e_j。

$$e_j = -k\sum_{i=1}^{n} p_{ij}\ln p_{ij} \quad (4\text{-}30)$$

$$k = \frac{1}{\ln m}, e_j \geqslant 0 \quad (4\text{-}31)$$

(3)定义差异系数 $g_j = 1 - e_j$,g_j越大,表明指标越重要。

(4)确定权重。

$$w_j = \frac{g_j}{\sum_{j=1}^{m} g_j} \quad (j=1,2,\cdots,m) \quad (4\text{-}32)$$

式中:m——评价指标数。

4.2.3 极差法

极差(Range)是指一组数据中的最大值与最小值之差,用于评价一组数据的离散度。用极差法计算指标权重的方法如下:

$$w_j = \frac{r_j}{\sum_{j=1}^{n} r_j} \quad (j=1,2,\cdots,m) \quad (4\text{-}33)$$

其中,

$$r_j = \max_{\substack{i,k=1,2,\cdots,n \\ i \neq k}} \{ |x_{ij} - x_{kj}| \} \quad (j=1,2,\cdots,m)$$

4.2.4 变异系数法

变异系数法(Coefficient of Variation Method)直接利用各项指标所包含的信息,通过计算指标的变异系数得到指标的权重。此方法的基本思想是:在评价指标中,取值差异越大的指标为越难以实现的指标,这类指标更能反映被评价对象的差异。

由于评价指标体系中的各项指标的量纲不同,不宜直接比较其差别程度。为消除各项评价指标的量纲不同的影响,需要用各项指标的变异系数来衡量各项指标取值的差异程度。各项指标的变异系数公式如下:

$$v_j = \frac{s_j}{\bar{x}_j} \quad (j=1,2,\cdots,m) \quad (4\text{-}34)$$

其中,

$$\bar{x}_j = \frac{1}{n}\sum_{i=1}^{n} x_{ij}$$

$$s_j^2 = \frac{1}{n}\sum_{i=1}^{n}(x_{ij} - \bar{x}_j)^2$$

式中：v_j——第 j 项指标的变异系数，也称为标准差系数；

s_j——第 j 项指标的标准差；

$\bar{x}_j$——第 j 项指标的平均数。

各项指标的权重为：

$$w_j = \frac{v_j}{\sum_{j=1}^{m} v_j} \qquad (j = 1,2,\cdots,m) \tag{4-35}$$

式中：w_j——第 j 项指标的权重。

4.2.5 复相关系数法

复相关系数也称多重相关系数，在多元回归分析中用于衡量某一随机变量与两个或两个以上随机变量线性相关程度的量。它可利用单相关系数和偏相关系数求得。复相关系数越大，表明要素或变量之间的线性相关程度越密切。

设 Δ 是随机向量（X_1, X_2，⋯，X_m）的相关矩阵的行列式，Δ_{11} 是随机向量（X_2，⋯，X_m）的相关矩阵的行列式，则称

$$R_{1(2\cdots m)} = \sqrt{1 - \frac{\Delta}{\Delta_{11}}} \tag{4-36}$$

为 X_1 与（X_2，⋯，X_m）的复相关系数。

复相关系数的取值范围在 0 ~ 1 之间，当 X_1 与（X_2，⋯，X_m）中每一变量都不相关时，复相关系数为 0；当 X_1（以概率 1）是 X_2，⋯，X_m 的线性函数时，复相关系数为 1。

复相关系数法是根据各指标间的相关系数来确定指标的重要性。第 j 个指标的复相关系数 r_j 是指其余指标与第 j 个指标的相关程度，它反映了除第 j 个指标以外的指标代替第 j 个指标的能力。当 $r_j = 1$ 时，第 j 个指标可以去掉，即权重为 0；当 r_j 很小时，其余的指标不能代替第 j 个指标。

设共有 n 个指标，复相关系数 r_j 表示其余 $n-1$ 个指标与第 j 个指标的相关程度，则利用复相关系数法确定的第 j 个指标的客观权重为：

$$w_j = \frac{1 - r_j}{\sum_{j=1}^{n}(1 - r_j)} \tag{4-37}$$

4.2.6 指标权重确定方法评述

将上述指标权重系数计算方法汇总，如表4-4所示。其中，层次分析法将评价者的思维过程层次化，并用一定标度对评价者的主观判断进行客观量化，将定性分析与定量分析相结合，是一种较为简便实用的权重确定方法；缺点在于该方法在很大程度上依赖于评价者的经验，是一种偏主观的评价方法。熵值法、极差法和变异系数法依据指标的离散程度对各评价指标进行权重赋值；复相关系数法侧重衡量某一评价指标与其余评价指标的线性相关程度，这两类方法均为客观权重系数确定方法，但过度依赖于不同方案指标值所能提供的信息，并未反映各评价指标实际的重要程度。

指标权重确定方法汇总 表4-4

方法名称	原理	特点
层次分析法	将评价者的思维过程层次化，并用一定标度对评价者的主观判断进行客观量化	依赖于评价者的经验，偏主观
熵值法	熵是对不确定性的度量。信息量越大，不确定性越小，熵越小。指标离散程度越大，“分辨信息”越多，权重越大	依据指标的离散程度对各评价指标进行权重赋值
极差法	最大值与最小值之差越大，权重越大	
变异系数法	标准差与均值的比值越大，方差越大	
复相关系数法	衡量某一评价指标与其余评价指标的线性相关程度，反映了除该指标外的指标代替这一指标的能力。当 $r_j = 1$ 时，第 j 个指标可以去掉，即权重为0；当 r_j 很小时，其余的指标不能代替第 j 个指标	依据指标的可替代性进行权重赋值

为客观反映各指标对多目标综合评价值的影响，本章将效率指标、环境指标、能耗指标和安全指标转化为经济指标，由此将交通设计多目标综合评价问题转化成交通设计项目的工程经济分析。其中，影响项目经济有效性的运行效率指标一般为行程时间或延误，交通设计项目的效益体现在出行时间的节省，将出行时间转化为社会效益则依赖于出行时间节省价值的计算；与之相类似，将环境

指标、能耗指标和安全指标转化为经济指标依赖于环境污染价格、燃油消耗价格以及交通事故经济损失的计算，其中环境污染价格和燃油消耗价格可通过国家排污征收标准以及燃油费用进行折算，但关于出行时间节省价值和交通事故经济损失，现有研究中尚未提出公认的折算标准，因此，本章4.3节和4.4节将侧重分析出行时间节省价值和事故经济损失的折算方法。

4.3 出行时间节省社会价值

4.3.1 基础理论

出行时间是衡量交通运输系统运行效率的重要指标之一。在交通建设项目投资效益评价过程中，对于出行节省时间价值(Value of Travel Time Savings，简称VTTS)的量化评价已成为一个重要的政策性问题。出行时间节省的价值在项目投资总效益中占很大一部分比例，根据欧洲运输部统计，在欧洲公路建设项目的效益评价中，主干道时间节省所产生的价值占整个项目效益的80%；在美国州际公路建设项目的系统效益评价中，这一比例亦高达72%~82%。对于出行时间节省价值的研究，一方面可以用于项目的经济效益评价，以提高项目投资决策的科学性；另一方面可揭示出出行者的出行行为选择规律及影响因素，为出行决策提供理论参考。

出行时间节省价值直接影响着出行者对出行方式的选择，但由于出行者难以对自身的出行时间节省价值进行直接的量化估计，因而研究中通常依据出行个体的出行选择行为建立非集计模型，从而间接推算出出行者的出行时间节省价值。本章依据出行效用最大化理论进行出行时间节省价值的估算，建立关于出行时间和出行费用的效用方程，采用陈述偏好调查法(Stated Preference Survey，简称SP调查)获取南京市不同方式出行者的出行意愿数据，根据出行路径选择数据建立二项随机参数选择模型，对模型进行参数显著性检验和拟合优度检验，根据模型参数求解得到不同出行方式的出行时间节省价值。在此基础上推算出出行时间节省的社会价值。

1)相关概念

从经济学角度讲，一切社会活动都可以被抽象为生产和消费，人是从事生产和消费活动的主体,在这个过程中始终伴随着时间的消耗。时间是一种不可再生资源,故其拥有价值属性。时间价值(Value of Time,简称 VOT)是指由于时间的推移而产生的效益增量值以及由于时间的非生产性消耗所造成的效益损失量的货币表现。

旅客出行时间节省价值是交通建设项目所产生的效益中的一个重要组成部分。出行时间节省价值是指由于出行时间的节省而产生的效益,它是一个机会成本的概念。出行者在出行过程中节省的时间对应的价值相当于将该段时间用于从事其他活动所产生的价值增量,包括与之相关的外部效益。在现有研究中,用于计算出行时间节省价值最主要的方法为以效用最大化理论为基础的意愿支付法(Willingness to Pay Method,简称 WTP)。该方法的理论依据是:出行时间节省价值是出行者在出行时间和出行费用这两个因素之间的权衡,若出行者 q(可以为个人或群体)愿意多支付 Δc 的费用以节省 Δt 的出行时间,则该出行者的出行时间节省价值为 $\Delta c/\Delta t$,通过这一方法计算出的出行时间节省价值称为个人主观出行时间节省价值(Subjective Value of Travel Time Savings,简称 SVTT)。个人主观出行时间节省价值反映的是出行者对出行节省时间所产生效用的主观度量,它既包括出行者将出行节省时间用于从事生产活动所能创造的价值增量,同时也考虑了因出行时间的缩短或延长给出行者带来的精神方面的影响(如愉悦、疲劳、焦虑等)。

个人出行节省时间的利用与再分配与社会效益息息相关。一方面,出行时间的节省本身相当于一种社会资源的节约,这个过程降低了车辆运行消耗,同时可以提高出行服务水平,减少旅途疲惫;另一方面,将个人出行节省时间用于从事生产活动,可以创造更多的社会财富。然而,将基于意愿支付法得出的个人主观出行时间节省价值(SVTT)直接用于项目投资的成本效益分析缺乏科学依据。Jara-Diaz 等提出,若收入水平不同的出行者由于出行时间节省而产生相同的个人主观效用增量,其对社会效益的贡献程度不同。由于交通项目的建设费用来自于税收,收入较高的个体缴纳的税费也相对较高,因此 Jara-Diaz 用税收制度来描述个人主观效用增量对于社会效益的贡献,在对个人主观效用增量进行累加时,对不同的出行个体效用赋予不同的“社会权重”值,该权重与税率相关,由此推出出行时间节省的社会价值(Social Price of Time,简称 SPT)为个人出行时间节省价值的加权和。

2)影响因素

为建立出行时间节省价值计算模型,需要对影响出行时间节省价值的因素进行分析,从而合理选择模型参数及变量。影响出行时间节省价值的因素包括很多方面,不同的出行者在相同条件下会得出不同的出行时间节省价值,同一出行者对不同情况下的出行产生的时间节省价值也会产生不同的判断。从宏观角度来讲,出行时间节省价值的大小受国家或区域经济发展水平以及社会价值观念的影响;从微观角度来讲,出行者的社会经济属性、个人选择偏好以及出行目的、出行方式等因素均会影响出行者的出行时间节省价值。

(1)社会经济因素

一方面,国家的生产力水平及社会经济状况决定了国家的国民生产总值,进而决定了单位时间从事生产劳动所能创造的价值,即出行时间节省价值的机会成本;另一方面,出行者的出行行为会受到国家或地区的交通设施水平、管理控制方式以及社会价值观念的影响,不同发展程度、不同价值观念的国家或地区之间出行时间节省价值往往存在较大差异。

(2)出行特征及属性

影响出行时间节省价值的出行特征及属性因素包括出行目的、出行距离、出行方式和交通设施的服务水平等。通常情况下,以上班、上学、公务为目的的出行,出行者对出行时间更为敏感,因而其时间价值要高于以休闲娱乐为目的的出行时间价值;在不同的出行距离下,节省同样的出行时间产生的效益可能不相同;不同的交通工具下,交通设施的服务水平不一样,出行者对出行时间的长短及可靠性要求也不一样,故而出行时间节省价值也存在差异。

(3)出行者的个体差异

从个人角度来看,影响出行时间节省价值的因素包括出行者的性别、年龄、职业、收入、社会地位以及个人偏好等。一般情况下,社会地位高、收入高的出行者相对更加关注速度及舒适性,反之则更加关注出行费用;弹性时间工作者比固定时间工作者的出行时间更为自由,这两类群体愿意为降低出行时间支付的费用也存在差异。

3)计算模型

(1)个人主观出行时间节省的价值

在现有研究中,个人出行时间节省价值的估算方法主要以出行效用理论为基础,该方法基于出行者的支付意愿或选择偏好数据,通过对出行者不同出行方式或出行路径的选择建立非集计模型,利用回归分析和参数估计得出时间价值。

出行时间节省价值间接估算方法依赖于出行者为“理性经济人”的假设，即出行者在进行出行选择过程中，总是会对不同出行方式或出行路径的影响因素做出理性的综合的判断，并基于出行效用最大化的原则在不同的出行方式或出行路径中做出选择，使得该方式或路径能够为出行者提供最高的满意度。当方案 i 的效用高于方案 j 时，出行个体（或群体）q 总是会选择方案 i 出行。根据这一假设，出行个体（或群体）q 选择方案 i 的概率可表示为：

$$P_{i,q} = P(U_{i,q} > U_{j,q}) \tag{4-38}$$

式中：$U_{i,q}$——出行个体（或群体）q 选择方案 i 出行所获得的效用；

$U_{j,q}$——出行个体（或群体）q 选择方案 j 出行所获得的效用。

随机效用可表示为可测度的系统效用与无法测度的误差项之和，由此，出行效用方程可转换成如下形式：

$$\begin{aligned} P_{ni} &= P(V_{i,q} + \varepsilon_{i,q} > V_{j,q} + \varepsilon_{j,q}) \\ &= P(\varepsilon_{j,q} - \varepsilon_{i,q} < V_{i,q} - V_{j,q}) \\ &= \int I(\varepsilon_{j,q} - \varepsilon_{i,q} < V_{i,q} - V_{j,q}) f(\varepsilon)\,\mathrm{d}\varepsilon \end{aligned} \tag{4-39}$$

式中：$V_{i,q}$——出行个体（或群体）q 选择方案 i 出行所获得的系统效用，即出行效用中可测度的部分；

$V_{j,q}$——出行个体（或群体）q 选择方案 j 出行所获得的系统效用；

$\varepsilon_{i,q}$——出行个体（或群体）q 选择方案 i 出行所获得效用中的误差项，即出行效用中的不可测度部分；

$\varepsilon_{j,q}$——出行个体（或群体）q 选择方案 j 出行所获得效用中的误差项；

I——方案 j 与方案 i 的效用函数中不可测度部分之差高于方案 i 与方案 j 的效用函数中可测度部分之差是否成立（$I=1$ 成立，$I=0$ 不成立）；

$f(\varepsilon)$——随机误差项 ε 的概率密度函数。

上式中，系统效用 $V_{i,q}$ 和 $V_{j,q}$ 可表示为出行方案各属性变量的线性方程，即：

$$V_{i,q} = \alpha + \beta_{\mathrm{cost},q} \cdot c_{i,q} + \beta_{\mathrm{time},q} \cdot t_{i,q} \tag{4-40}$$

$$V_{j,q} = \alpha + \beta_{\mathrm{cost},q} \cdot c_{j,q} + \beta_{\mathrm{time},q} \cdot t_{j,q} \tag{4-41}$$

式中：α——除时间和费用以外其他可测度因素的综合反映；

$\beta_{\mathrm{cost},q}$——费用变量的系数；

$\beta_{\mathrm{time},q}$——时间变量的系数；

$c_{i,q}$——出行个体(或群体)q 选择方式 i 的费用；

$c_{j,q}$——出行个体(或群体)q 选择方式 j 的费用；

$t_{i,q}$——出行个体(或群体)q 选择方式 i 的时间；

$t_{j,q}$——出行个体(或群体)q 选择方式 j 的时间。

根据出行时间节省价值的定义，出行个体(或群体)q 的出行时间节省价值可表示为时间的边际效用与费用的边际效用的比值，即时间变量系数 $\beta_{\text{time},q}$ 与费用变量系数 $\beta_{\text{cost},q}$ 的比值：

$$\text{SVTT}_q=\frac{\dfrac{\partial V_q}{\partial t}}{\dfrac{\partial V_q}{\partial c}}=\frac{\beta_{\text{time},q}}{\beta_{\text{cost},q}} \tag{4-42}$$

式中：SVTT_q——出行个体(或群体)q 的主观出行时间节省价值(元/h)。

(2)出行时间节省的社会价值

出行时间节省所产生的社会总效用为个体出行时间节省对社会效用的贡献之和，可表示为：

$$W=W_1+\cdots+W_q+\cdots+W_n=f_1(U_1,\cdots,U_q,\cdots,U_n) \tag{4-43}$$

式中：W——由于出行时间节省而产生的社会总效用；

W_q——出行个体(或群体)q 对社会效用的贡献，$q=1,\cdots,n$。

出行个体(或群体)q 对社会效用的贡献为出行者主观出行时间节省效用的函数，而主观出行时间节省效用与出行时间 t、费用 c 及出行者的收益 I_q 相关，即：

$$U_q=f_2(I_q,c,t) \tag{4-44}$$

式中：U_q——出行个体(或群体)q 的效用。

当交通项目致使出行时间变化 $\mathrm{d}t$ 时，所有出行群体对社会效用贡献的变化为：

$$\mathrm{d}W_s=\sum_q \mathrm{d}W_q=\sum_q \frac{\partial W}{\partial U_q}\cdot\frac{\partial U_q}{\partial I_q}\cdot\frac{\partial I_q}{\partial t}\mathrm{d}t=\sum_q \lambda_q \text{SVTT}_q \mathrm{d}t \tag{4-45}$$

式中：λ_q——出行个体(或群体)q 边际收益的效用。

式(4-45)表明，出行时间节省的社会效用相当于将每个出行个体(或群体)q 的出行时间节省效用加权求和，其权重与出行者边际收益的效用成正比。由此可得，出行时间节省的社会价值为：

$$\mathrm{SVTTS} = \frac{\sum_{q} \lambda_q \mathrm{SVTT}_q \mathrm{d}t}{\lambda_{\mathrm{s}} \cdot n \mathrm{d}t} = \frac{1}{\lambda_{\mathrm{s}} \cdot n} \sum_{q} \lambda_q \mathrm{SVTT}_q \tag{4-46}$$

式中：SVTTS——出行时间节省的社会价值；

λ_{s}——单位货币价值的社会效用。

为解释出行时间节省社会价值的抽象概念，Jara-Diaz 采用税收制度来描述个人效用对于社会效益的贡献。假设交通项目的建设费用来源于税收，若出行个体（或群体）q 缴纳的边际税费为 $\mathrm{d}T_q$，则所有群体支付的总税费为：

$$\mathrm{d}T = \sum_{q} \mathrm{d}T_q \tag{4-47}$$

另一方面，所有出行者由于支付税费导致效用降低总量为：

$$\mathrm{d}L = \sum_{q} \lambda_q \mathrm{d}T_q \tag{4-48}$$

社会边际效益的变化与所有群体支付的边际税费的比值即为单位货币价值的社会效用，即 λ_{s}。其表达式为：

$$\lambda_{\mathrm{s}} = \frac{\mathrm{d}L}{\mathrm{d}T} = \frac{\sum_{q} \lambda_q \mathrm{d}T_q}{\sum_{q} \mathrm{d}T_q} = \sum_{q} \lambda_q \theta_q \tag{4-49}$$

式中：θ_q——出行个体（或群体）q 收入的边际税率。

将不同出行个体（或群体）的出行时间节省社会价值求和即为因出行时间节省而产生的社会效益。其表达式如下：

$$\mathrm{d}B = \sum_{q} \frac{\lambda_q}{\lambda_{\mathrm{s}}} \mathrm{d}B_q = \sum_{q} \frac{\lambda_q}{\lambda_{\mathrm{s}}} \mathrm{SVTT}_q \mathrm{d}t \tag{4-50}$$

4）参数标定

（1）Logit 模型

Logit 模型是一种算法简单使用广泛的非集计模型。假设随机效用项 ε_{ni} 及 ε_{nj} 独立同分布并且服从 I 类极值分布（Gumbel 分布），则出行者选择第 i 种出行方案的概率为：

$$P_i = \frac{\mathrm{e}^{V_i}}{\sum_{j \in A} \mathrm{e}^{V_j}} \tag{4-51}$$

式中：A——出行者的选择方案集合；

V_j——出行者选择第 j 种方案的效用。

出行方案选择 Logit 模型假定时间及费用变量的系数均为常量，即该值不随出行者个体特征的差异而发生变化，由此计算得到的出行时间节省价值亦为常量。然而,由于不同出行者性别、年龄、收入、价值观念及个人偏好的不同,其出行时间节省价值也存在巨大差异,因而,采用 Logit 模型估算的出行时间节省价值存在一定的局限性。

(2) Mixed Logit 模型

Mixed Logit 模型是用于估计随机参数的效用模型,它是由 Logit 概率在参数密度函数 $f(\beta)$ 上的积分得到的。在 Mixed Logit 模型中,出行者选择方案 i 的概率可表示如下:

$$P_i = \int \frac{e^{V_i}}{\sum_{j \in A} e^{V_j}} f(\beta)\,d\beta \tag{4-52}$$

式中:$f(\beta)$——概率密度函数。

在 Mixed Logit 模型中,系数向量可以假定为不同的分布形式,如正态分布、对数正态分布、均匀分布、三角分布等。

4.3.2 调查方案设计

出行行为调查可分为对出行者已完成的选择性行为的调查,即显示偏好调查(RP 调查)和在假设条件下出行者的陈述偏好调查(SP 调查)。RP 调查是针对出行者已实现的选择性行为的调查,其数据为已发生的或可观察到的,具有较高的现实性和可靠性。当 RP 数据无法获取时,常采用 SP 调查。SP 调查是将影响出行行为的各个因素组合成不同的假设情境,被调查者可根据既有经验结合自身偏好对出行方案做出判断和选择。与 RP 调查相比,SP 调查能处理当前不存在的假定方案,因而具有较强的灵活性和适用性。然而有学者提出,通过 SP 调查得到的数据可能会与出行者的实际出行行为产生偏差,因而在使用时需尽可能模拟现实情境。

针对出行者出行特性分析及出行时间价值模型构建的需要,本章以南京市为例,采用 RP 与 SP 调查相结合的方法对居民出行行为进行调查,一方面充分利用被调查者的实际出行数据,同时减小由于采用单一的 SP 调查所产生的偏差,提高调查数据的可靠性。本章所提出的抽样策略及调查方法亦可用于其他城市出行时间价值的研究。

1) 调查方案

本次调查的目的是获取出行者在出行时间和出行费用之间的权衡数据,分析影响出行者支付意愿的影响因素，进而求得出行者的主观出行时间节省价值。

(1)调查范围。调查范围覆盖南京市主城区及郊区，包括玄武区、秦淮区、建邺区、鼓楼区、雨花台区、江宁区、栖霞区、浦口区、六合区。主要调研地点包括各区客流集散中心，如客运场站、地铁公交站点、大型购物休闲中心、公园、广场、学校等。

(2)调查对象。随机抽取南京市15~65岁出行者进行问卷调研，保证各年龄层的样本具有代表性。

(3)时间安排。定于2014年4月~6月对南京市出行者进行出行意向问卷调查，调查时间段为不同工作/节假日的不同时间段。

(4)样本量确定。在确定抽样方法和样本量时既需要考虑调查性质、调查目的和调查精度(抽样误差)的要求，同时也需要考虑实际操作的可实施性以及经费预算等。为提高样本的代表性，本研究采用分层抽样的方法，按人口比例将样本量划分至各个辖区，在各个辖区采用随机抽样的方法，最终确定采集2936个样本进行数据分析，如表4-5所示。

各辖区样本比例 表4-5

辖区		人口(万人)	样本量	比例
市区	玄武区	66.05	264	8.07%
	秦淮区	103.48	414	12.64%
	鼓楼区	129.22	517	15.78%
	建邺区	44.68	179	5.46%
	雨花台区	41.58	166	5.08%
	栖霞区	66.41	266	8.11%
郊区	江宁区	117.86	471	14.39%
	浦口区	72.87	291	8.90%
	溧水区	41.95	168	5.12%
	高淳区	42.04	168	5.13%
	六合区	92.64	371	11.31%
总计		733.9	2936	100%

2)问卷设计

本次居民出行意向调查包括三部分内容。第一部分为个人背景信息，主要包括被调查者的社会经济属性(包括性别、年龄、学历、职业、个人月收入等)和家庭状况信息(包括家庭人口数、家庭月收入等)；第二部分为被调查者的最近一次出行信息调研，主要包括被调查者最近一次市内出行（在途时间超过10min）的出行目的、出行方式、出行时间、出行费用、出行途中是否从事其他活动等；第三部分为情境假设选择问题，主要反映被调查者在不同的出行时间及出行费用组合情境下对出行路径的选择，该部分内容揭示了出行者在出行时间节省和出行费用增加之间的权衡和决策。

具体问询方式如下："1. 如果使用新路径能比原路径减少5min出行时间，但费用要增加2元，您会选择哪种路径出行?"如回答为"D. 倾向选新路径"或"E. 一定选新路径"，则下一问题为"2. 如果使用新路径能比原路径减少5min出行时间，但费用要增加5元，您会选择哪种路径出行?"如回答为"A. 一定选原路径"或"B. 倾向选原路径"或"C. 不确定"，则转至问题"4. 如果使用新路径能比原路径减少15min出行时间，但费用要增加5元，您会选择哪种路径出行?"问卷设计详见附表A。

3）结果统计

在初始调查的2936个样本中，共有1644人回复，回复率为56%。为保证样本能代表总体信息，本研究在南京市未被调研的群体中开展了补充调研，最终各辖区样本比例如表4-5所示。在剔除不合理问卷后，共收集2869份问卷，产生8607次选择结果。表4-6为被调查者个人基本信息统计。

被调查者个人基本信息统计 表4-6

变量名	定义		样本量		均值	方差
GENDER	性别	男	1460	51.10%	—	—
		女	1397	48.90%		
AGE	年龄	≤29	920	32.20%	—	—
		30~49	1311	45.90%		
		≥50	626	21.90%		
INCOME	收入（元）	≤3500	954	33.40%	—	—
		3500~5000	926	32.40%		
		5000~8000	597	20.90%		
		8000~12500	289	10.10%		
		≥12500	91	3.20%		
EDUCATION	学历	小学/初中/高中/专科	1520	53.20%	—	—
		本科及以上	1337	46.80%		

续上表

变量名	定　　义		样　本　量		均值	方差
OCCUPATION	职业	学生	403	14.10%	—	—
		企事业单位雇员	780	27.30%		
		专业技术人员	614	21.50%		
		政府官员	225	7.88%		
		私营雇主	213	7.46%		
		无工作/退休	216	7.55%		
		其他	406	14.21%		
PURPOSE	最近一次市内出行的出行目的	工作/商务/上学	1420	49.70%	—	—
		购物休闲	1437	50.30%		
MODE	最近一次市内出行的出行方式	小汽车	269	9.40%	—	—
		出租车	74	2.60%		
		地铁	183	6.40%		
		公交	543	19.00%		
		电动自行车、自行车	1020	35.70%		
		步行	769	26.90%		
RTIME	最近一次市内出行的出行时耗(min)		2145	2857	100.00%	35.6
RCOST	最近一次市内出行的出行费用(元)		2145	2857	100.00%	11.7
DISTANCE	最近一次市内出行的出行距离(km)	<5km	814	28.50%	—	—
		5~10km	691	24.20%	—	—
		10~20km	680	23.80%	—	—
		>20km	671	23.50%	—	—
OTHERACT	是否在出行途中从事其他活动	No	917	32.10%	—	—
		Yes	1940	67.90%	—	—

4.3.3 出行时间价值计算

1)个人主观出行时间节省价值

本节依据调查数据分别建立固定参数 Logit 模型和随机参数 Logit 模型。如前文所述,固定参数模型中,各参数系数为一定值;而随机参数模型中,各变量系数可设置为服从某一分布。模型因变量为被调查者是否愿意为降低一定出行时间而支付一定费用(愿意=1,不愿意=0),自变量为个人社会经济属性以及最近一次出行相关数据。模型中初始输入的解释变量如表4-7所示。

模型初始输入解释变量　表4-7

变量名	类型	定义
GENDER	Dummy	“女”=1,其他=0
AGE1	Dummy	“30≤年龄≤49”=1,其他=0
AGE2	Dummy	“年龄≥50”=1,其他=0
EDU1	Dummy	“本科及以上”=1,其他=0
INCOME1	Dummy	“3500≤收入≤5000”=1,其他=0
INCOME2	Dummy	“5000≤收入≤8000”=1,其他=0
INCOME3	Dummy	“8000≤收入≤12500”=1,其他=0
INCOME4	Dummy	“收入≥12500”=1,其他=0
PURPOSE	Dummy	“工作/商务/上学”=1,其他=0
MODE1	Dummy	“出租车”=1,其他=0
MODE2	Dummy	“地铁”=1,其他=0
MODE3	Dummy	“公交”=1,其他=0
MODE4	Dummy	“电动自行车/自行车”=1,其他=0
MODE5	Dummy	“步行”=1,其他=0
OCCUPA1	Dummy	“学生”=1,其他=0
OCCUPA2	Dummy	“雇员”=1,其他=0
OCCUPA3	Dummy	“专业技术人员”=1,其他=0
OCCUPA4	Dummy	“政府官员”=1,其他=0
OCCUPA5	Dummy	“私营雇主”=1,其他=0
OTHERACT	Dummy	“有”=1,其他=0
RTIME	Continuous	最近一次市内出行的出行时间(min)
RCOST	Continuous	最近一次市内出行的出行费用(元)
RDIST1	Dummy	“5km≤距离<10km”=1,其他=0
RDIST2	Dummy	“10km≤距离<20km”=1,其他=0
RDIST3	Dummy	“距离≥20km”=1,其他=0
DELTAT	Continuous	出行节省时间(min)
DELTAC	Continuous	出行费用变化值(元)

采用式(4-40)、式(4-41)作为出行方案选择模型的系统效用方程,分别使用

固定参数二项选择模型与随机参数二项选择模型对效用方程进行参数估计。在随机参数二项选择模型中,分别检验各参数的随机特性,结果表明,仅 DELTAC 参数系数服从随机分布。分别假设 DELTAC 参数系数服从标准正态分布和对数正态分布,结果如表4-8所示,其中所有参数在95%置信度下均为显著。

模型计算结果 表4-8

变量	固定参数二项选择模型			随机参数二项选择模型Ⅰ $\beta_{cost} \sim -N(\mu_1, \sigma_1^2)$			随机参数二项选择模型Ⅱ $\beta_{cost} \sim -\log N(\mu_3, \sigma_3)$		
	Coef.	Std. Err.	z	Coef.	Std. Err.	z	Coef.	Std. Err.	z
GENDER	0.254	0.109	2.32	0.331	0.120	2.75	0.332	0.124	2.68
AGE1	0.652	0.198	3.29	0.743	0.218	3.41	0.784	0.229	3.42
AGE2	0.321	0.184	1.74	0.506	0.202	2.50	0.536	0.212	2.53
INCOME1	0.653	0.221	2.95	0.557	0.242	2.31	0.561	0.250	2.24
INCOME2	0.628	0.198	3.17	0.596	0.216	2.76	0.599	0.223	2.69
INCOME3	1.256	0.198	6.33	1.308	0.219	5.96	1.324	0.228	5.82
INCOME4	1.693	0.211	8.02	1.804	0.233	7.75	1.822	0.241	7.56
PURPOSE	-0.232	0.126	-1.85	—	—	—	—	—	—
MODE5	1.281	0.117	10.99	1.224	0.147	8.35	1.261	0.162	7.80
RCOST	—	—	—	0.012	0.004	3.12	0.013	0.004	2.99
OTHERACT	-0.394	0.129	-3.04	-0.391	0.141	-2.78	-0.402	0.146	-2.76
DELTAT	-0.215	0.010	-20.96	-0.239	0.017	-14.42	-0.247	0.022	-11.44
DELTAC	-0.361	0.018	-19.76	-0.417	0.040	-10.55	-0.870	0.107	-8.11
Std. of DELTAC	—	—	—	0.132	0.043	3.070	0.404	0.117	3.44
Constant	0.373	0.040	9.40	—	—	—	—	—	—
Log likelihood	-2903.25			-1144.54			-1143.91		
AIC	5838.49			2321.09			2319.82		
Relative likelihood	0.000			0.530			1.000		

由表4-8可知,采用随机参数二项选择模型进行估计的似然值高于采用固定参数二项选择模型估计得到的似然值,表明混合 Logit 模型的优度高于二项 Logit 模型。此外,随机参数二项选择模型Ⅱ结果优于随机参数二项选择模型Ⅰ,因此,下文依据随机参数二项选择模型Ⅱ估计结果分析影响出行效用的因素。

根据模型计算结果,影响出行效用的显著性参数包括:性别、年龄、收入、出行方式、出行费用、出行途中是否从事其他活动、出行节省时间以及出行费用变化。如表4-8所示,男性相较于女性更愿意为出行节省时间支付费用;与年龄小于30岁的出行者相比,30岁以上的出行者更愿意为出行节省时间支付费用;收入高的群体相对于低收入群体更愿意为出行节省时间支付费用;行人相较于采用其他交通工具出行的群体更愿意为出行节省时间支付费用;初始出行费用越高,出行者更愿意为出行节省时间支付费用;在出行途中从事其他活动的出行者更不愿意为出行节省时间支付费用;出行时间节省越少,出行费用增加越高,出行者越不愿意支付费用。

根据模型参数估计结果可以得出出行者的主观出行节省时间价值(SVTT)。如前文所述,出行节省时间价值为时间变化量DELTAT的系数与费用变化量DELTAC的系数的比值,在随机参数模型中,时间变化量DELTAT的系数为常数,费用变化量DELTAC系数服从对数正态分布,采用蒙特卡洛仿真法计算SVTT均值及其分布。根据计算结果,SVTT均值为35.41元/h,标准差为9.90元/h。

2)出行时间节省社会价值

由于不同收入群体对社会效益的贡献不同,本文按照收入类别将调查数据分为五组,包括“INCOME0”(个人月收入≤3500元)、“INCOME1”(3500元≤个人月收入≤5000元)、“INCOME2”(5000元≤个人月收入≤8000元)、“INCOME3”(8000元≤个人月收入≤12500元)及“INCOME4”(个人月收入≥12500元)。

为计算不同收入群体对出行时间节省社会价值的贡献,查阅国家个人所得税征收比例规定,如表4-9所示。

个税征收比例 表4-9

级数	范围	税率	速算扣除数
1	0~1500	3%	0
2	1500~4500	10%	105
3	4500~9000	20%	555
4	9000~35000	25%	1005
5	35000~55000	30%	2755
6	55000~80000	35%	5505
7	80000以上	45%	13505
计算办法	—	应纳税额=(每月收入额-3500)×适用税率-速算扣除数	

针对这五组数据分别建立随机参数 Logit 模型，得到结果如表 4-10 所示。采用下式计算各收入群体对社会效用的贡献比例：

$$\theta_{\text{income},i} = \frac{\mathrm{d}T_{\text{income},i}}{\sum_q \mathrm{d}T_q} = \frac{\varepsilon_i \eta_i}{\sum_q \varepsilon_i \eta_i} \tag{4-53}$$

式中：$\mathrm{d}T_{\text{income},i}$——收入群体 i 的边际收入纳税额；

$\mathrm{d}T_q$——群体 q 的边际纳税额；

ε_i——收入群体 i 的平均纳税额占收入的百分比；

η_i——收入群体 i 平均收入占 GNP 的比例。

不同收入类别群体主观出行时间节省价值（单位：元/h）　　表 4-10

变 量	ε (%)	k[①] (%)	η (%)	$\varepsilon\eta$	θ[②] (%)	λ[③]	$\lvert\beta_t\rvert$	SVTTS[④] (元/h)
INCOME0	0.00	34.90	9.33	0.0000	0.00	0.160	0.07	43.72
INCOME1	0.45	30.10	19.55	0.0009	1.07	0.140		
INCOME2	2.61	19.90	19.77	0.0052	6.24	0.134		
INCOME3	7.14	10.30	16.13	0.0115	13.95	0.115		
INCOME4	18.45	4.80	35.21	0.0650	78.74	0.089		
Total		100.00	100.00	0.0825	100.00	0.096		

注：①k 表示各收入区间群体占总人口的比例。

②θ 表示各群体对社会效用的贡献比例。

③λ 表示将效用转化为货币价值的换算系数。

④$\text{SVTTS} = \lvert\beta_t\rvert/\lambda = (-0.07)/(-0.096)\times 60 = 43.72$ 元/h。

根据表 4-9 中的个人所得税征收比例，可以计算单位货币价值的社会效用（λ_s）为 0.096 效用/元。结合上文求得的各收入群体主观出行时间节省价值（SVTT）、各群体单位货币价值的效用（λ_q），根据式（4-46）可求得出行时间节省社会价值（SVTTS）均值为 43.72 元/h。

4.4 道路交通事故损失统计价值

除出行时间节省带来的社会效益外，因道路交通安全状况的改善而产生的交通事故经济损失的降低是项目效益中另外一个重要组成部分。道路交通事故经济损失既包括直接经济损失，如道路车辆损耗维修费用、受伤人员的医疗护理费用等，也包括由于交通事故造成的间接经济损失，如因交通事故伤亡而造成的劳动力缺失以及精神痛苦等。如何对道路交通事故经济损失量化评估是衡量交通事故后果及影响程度的关键。对于交通事故经济损失的研究，一方面可以用于项目经济效益评估，以提高项目投资决策的科学性；另一方面可为交通事故责任裁决以及赔偿计算提供理论参考。

由于交通事故造成的间接经济损失部分往往难以估量，因而研究中通常采用意愿支付法对事故经济损失进行间接评估，依据道路使用者的出行选择行为建立非集计模型，从而推算出行者愿意为降低道路交通事故数量或严重程度而支付的费用，由此计算得到的价值称为道路交通事故损失统计价值。本章依据出行效用最大化理论进行道路交通事故损失统计价值的估算，建立关于事故率和出行费用的效用方程，采用SP调查法获取南京市不同方式出行者的出行意愿数据，建立二项随机参数选择模型，根据模型参数求解得到道路交通事故损失统计价值。在此基础上推算得到道路交通事故损失社会价值。

4.4.1 事故经济损失基础理论

1）相关概念

道路交通事故经济损失可分为直接经济损失和间接经济损失两部分，其中直接经济损失包括道路设施的破坏、车辆的损毁、运输物资的破坏、受伤人员医疗护理等与事故现场直接相关的费用或财产损失；间接经济损失是指因道路交通事故的发生而带来的对运行效率（由事故而引发的交通拥堵）、交通环境等方面的影响以及因人身伤亡而导致的生产力的损耗和精神状态的影响。道路交通事故间接损失在总损失中占很大一部分比例，但该部分损失往往难以量化评估。因此，在现有研究中，用于计算道路交通事故经济损失的最主要的方法是以效用最大化理论为基础的愿付费用法（WTP）。该方法的理论依据是：道路交通事故经济损失价值是道路使用者在事故率和出行费用这两个因素之间的权衡，若出行者群体 q（设有 q_n 人）每人愿意为将事故率降低 $\Delta \mathrm{cau}$ 而多支付 Δc 的费用，则道路交通事故经济损失价值为 $\Delta c \cdot q_n / \Delta \mathrm{cau}$。

由愿付费用法得到的交通事故损失统计价值并非是对道路交通事故实际经济损失的直接度量，而是反映道路使用者愿意为事故率降低而支付的费用，由此得到的交通事故经济损失不仅包括交通事故的直接损失，同时也考虑了因交通事故的发生而导致的间接损失。由于道路使用者对事故严重程度难以精确度量,因而现有研究大多针对死伤事故进行分析,得出的结果出行者愿意为降低一个死亡或受伤人数而支付的费用,国外学者将其称为事故统计生命价值(Value of Statistical Life, VOSL)。由于本章对于道路交通事故经济损失的研究将用于交通安全改善措施的成本—效益分析,而交通安全评价往往以事故频次为计量单位,因而本章侧重分析对一起死伤事故的经济计量,称为道路交通事故统计价值(Value of Statistical Casualty, VOSC)。

与出行节省时间的研究相类似,基于意愿支付法得到的道路交通事故统计价值(VOSC)不能直接用于项目投资的成本效益分析。本章同样采用税收制度来描述个人主观效用增量对于社会效益的贡献,在对个人主观效用增量进行累加时,对不同的出行个体效用值赋不同的"社会权重",由此推出道路交通事故社会价值(Social Price of Casualty,SPC)为各群体道路交通事故统计价值的加权和。

2)影响因素

为建立道路交通事故统计价值计算模型,需要对影响事故统计价值的因素进行分析,从而合理选择模型参数及变量。本节从社会经济因素、道路交通安全状况以及道路使用者特征三个方面来分析事故统计价值的影响因素。

(1)社会经济因素

社会经济因素是影响事故统计价值的重要因素。一方面,国家生产力水平及社会经济状况决定了因交通事故而损耗的物资的价格,以及因人身伤亡而导致的劳动力的损失对应的机会成本;另一方面,出行者提高安全水平的意识会受到国家或地区的交通设施水平、管理控制方式以及社会价值观念的影响,不同发展程度、不同价值观念的国家或地区之间事故统计价值往往存在较大差异。

(2)道路交通安全状况

道路使用者的支付意愿与交通安全水平之间存在相关性。如图 4-2 所示,横坐标表示个人感知的道路交通事故率,纵坐标表示出行者愿意为降低事故率而支付的边际费用。由图 4-2 可知,感知事故率越高,出行者更加愿意为降低事故率支付费用,因此,交通事故统计价值与道路初始事故率相关。但通常情况下,

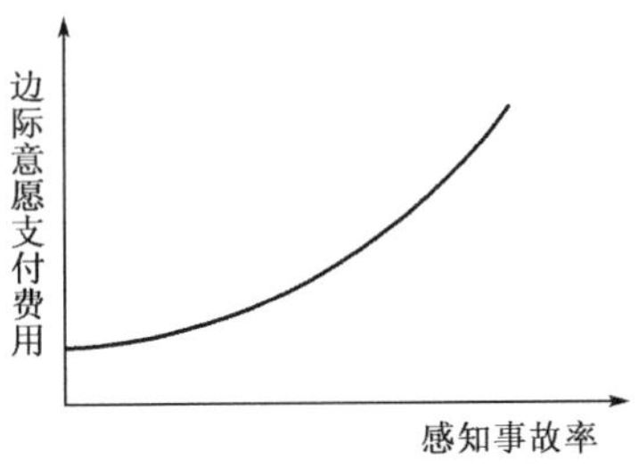

图 4-2 边际愿付费用与感知事故率

道路交通事故为小概率事件，出行者愿意为降低事故率而支付的边际费用可近似视为常量，这也是在以往大多数研究中所做的假设。

(3)道路使用者特征

从个人角度来看，不同的道路使用者对道路交通安全水平的感知存在差异。一般认为，经常危险驾驶(酒后驾驶、超速行驶、疲劳驾驶、闯红灯、强行超车、超员/超载等)的出行者交通安全意识相对薄弱，其遇到交通事故的风险相对较大，因此危险驾驶行为是影响出行者支付意愿的一个重要方面。此外，影响事故统计价值的因素还包括出行者的性别、年龄、职业、收入、社会地位等，不同特征的道路使用者愿意为降低事故率而支付的费用存在差异。

3)计算模型

(1)道路交通事故损失统计价值

与个人出行节省时间价值的估算方法相类似，道路交通事故损失统计价值评估同样以效用最大化理论为基础，通过出行者对不同出行方式或出行路径的选择数据建立非集计模型，利用回归分析和参数估计得出道路交通事故损失。当方案 i 的效用高于方案 j 时，出行个体(群体) q 总是会选择方案 i 出行。根据这一假设，出行个体(群体) q 选择方案 i 的概率可表示为：

$$P_{i,q}=P(U_{i,q}>U_{j,q}) \tag{4-54}$$

式中：$U_{i,q}$——出行个体(群体) q 选择方案 i 出行所获得的效用；

$U_{j,q}$——出行个体(群体) q 选择方案 j 出行所获得的效用。

随机效用可表示为可测度的系统效用与无法测度的误差项之和，由此出行效用方程可转换成如下形式：

$$\begin{aligned} P_{ni} &= P(V_{i,q}+\varepsilon_{i,q} > V_{j,q}+\varepsilon_{j,q}) \\ &= P(\varepsilon_{j,q}-\varepsilon_{i,q} < V_{i,q}-V_{j,q}) \\ &= \int I(\varepsilon_{j,q}-\varepsilon_{i,q} < V_{i,q}-V_{j,q}) f(\varepsilon)\,\mathrm{d}\varepsilon \end{aligned} \tag{4-55}$$

式中：$V_{i,q}$——出行个体(群体) q 选择方案 i 出行所获得的系统效用，即出行效用中可测度的部分；

$V_{j,q}$——出行个体(群体) q 选择方案 j 出行所获得的系统效用；

$\varepsilon_{i,q}$——出行个体(群体) q 选择方案 i 出行所获得效用中的误差项，即出行效用中的不可测度部分；

$\varepsilon_{j,q}$——出行个体(群体)q 选择方案 j 出行所获得效用中的误差项;

I——方案 j 与方案 i 的效用函数中不可测度部分之差高于方案 i 与方案 j 的效用函数中可测度部分之差是否成立($I=1$ 成立,$I=0$ 不成立);

$f(\varepsilon)$——随机误差项 ε 的概率密度函数。

上式中,系统效用 $V_{i,q}$ 和 $V_{j,q}$ 可表示为出行方案各属性变量的线性方程,如下所示:

$$V_{i,q}=\alpha+\beta_{\mathrm{cost},q}\cdot c_{i,q}+\beta_{\mathrm{cau},q}\cdot \mathrm{cau}_{i,q} \tag{4-56}$$

$$V_{j,q}=\alpha+\beta_{\mathrm{cost},q}\cdot c_{j,q}+\beta_{\mathrm{cau},q}\cdot \mathrm{cau}_{j,q} \tag{4-57}$$

式中:α——除事故率和出行费用以外其他可测度因素的综合反映;

$\beta_{\mathrm{cost},q}$——费用变量的系数;

$\beta_{\mathrm{cau},q}$——事故率变量的系数;

$c_{i,q}$——出行个体(群体)q 选择方案 i 出行的费用;

$c_{j,q}$——出行个体(群体)q 选择方案 j 出行的费用;

$\mathrm{cau}_{i,q}$——出行个体(群体)q 选择方案 i 出行对应的事故率;

$\mathrm{cau}_{j,q}$——出行个体(群体)q 选择方案 j 出行对应的事故率。

根据事故损失统计价值的定义,对于某一群体 q,基于支付意愿的事故损失统计价值可表示为事故率变量系数 $\beta_{\mathrm{cau},q}$ 与费用变量系数 $\beta_{\mathrm{cost},q}$ 的比值:

$$\mathrm{VSL}_q=\frac{\dfrac{\partial V_q}{\partial_{\mathrm{cau}}}}{\dfrac{\partial V_q}{\partial c}}=\frac{\beta_{\mathrm{cau},q}}{\beta_{\mathrm{cost},q}} \tag{4-58}$$

式中:VSL_q——群体 q 基于支付意愿的事故经济损失(元每起事故)。

(2)事故经济损失社会价值

事故率降低所产生的社会总效用为各群体因事故率降低而产生的效用对社会效用的贡献之和,其表达式如下:

$$W=W_1+\cdots+W_q+\cdots+W_n=f_1(U_1,\cdots,U_q,\cdots,U_n) \tag{4-59}$$

式中:W——由于事故率降低而产生的社会总效用;

W_q——出行个体(群体)q 对社会效用的贡献,$q=1,\cdots,n$。

出行个体(群体)q 对社会效用的贡献为出行者主观事故率降低而产生的效用的函数,而主观事故率降低效用与事故率 cau、费用 c 及出行者的收益 I_q 相

关,即:

$$U_q = f_2(I_q, c, \text{cau}) \tag{4-60}$$

式中:U_q——出行个体(群体)q 的效用。

当交通项目致使事故率变化 dcau 时,所有出行个体(群体)对社会效用贡献的变化为:

$$\begin{aligned} \mathrm{d}W_s &= \sum_q \mathrm{d}W_q \\ &= \sum_q \frac{\partial W}{\partial U_q} \cdot \frac{\partial U_q}{\partial I_q} \cdot \frac{\partial I_q}{\partial \text{cau}} \text{dcau} \\ &= \sum_q \lambda_q \text{VSL}_q \text{dcau} \end{aligned} \tag{4-61}$$

式中:λ_q——出行个体(群体)q 边际收益的效用。

式(4-61)表明,因事故率降低而产生的社会效用相当于将每个出行个体(群体)q 的效用加权求和,其权重与出行者边际收益的效用成正比。由此可得,事故经济损失社会价值为:

$$\text{SVSL} = \frac{\sum_q \lambda_q \text{VSL}_q \text{dcau}}{\lambda_s \cdot n\text{dcau}} = \frac{1}{\lambda_s \cdot n} \sum_q \lambda_q \text{VSL}_q \tag{4-62}$$

式中:SVSL——事故经济损失社会价值;

λ_s——单位货币价值的社会效用。

为解释事故经济损失社会价值的抽象概念,与出行时间节省社会价值计算方法相类似,采用税收制度来描述个人效用对于社会效益的贡献。假设交通项目的建设费用来源于税收,若出行个体(群体)q 缴纳的边际税费为 $\mathrm{d}T_q$,则所有群体支付的总税费为:

$$\mathrm{d}T = \sum_q \mathrm{d}T_q \tag{4-63}$$

另一方面,所有出行者由于支付税费导致效用降低总量为:

$$\mathrm{d}L = \sum_q \lambda_q \mathrm{d}T_q \tag{4-64}$$

社会边际效益的变化与所有群体支付的边际税费的比值即为单位货币价值的社会效用,即 λ_s,其表达式为:

$$\lambda_s = \frac{\mathrm{d}L}{\mathrm{d}T} = \frac{\sum_q \lambda_q \mathrm{d}T_q}{\sum_q \mathrm{d}T_q} = \sum_q \lambda_q \theta_q \tag{4-65}$$

式中:θ_q——出行个体(群体)q 收入的边际税率。

将不同出行个体(群体)的事故经济损失社会价值求和即为因事故率降低而产生的社会效益,其表达式如下:

$$dB = \sum_q \frac{\lambda_q}{\lambda_s} dB_q = \sum_q \frac{\lambda_q}{\lambda_s} VSL_q dcau \tag{4-66}$$

(3)参数标定

①Logit 模型。

Logit 模型是一种算法简单并且使用广泛的非集计模型。假设随机效用项 ε_{ni} 及 ε_{nj} 独立同分布并且服从 I 类极值分布(Gumbel 分布),则出行者选择第 i 种出行方案的概率可以表示为:

$$P_i = \frac{e^{V_i}}{\sum_{j \in A} e^{V_j}} \tag{4-67}$$

式中:A——出行者的选择方案集合;

V_j——出行者选择第 j 种方案的效用。

出行方案选择 Logit 模型假定事故率及费用变量的系数均为常量,即该值不随出行者个体特征的差异而发生变化,由此计算得到的事故经济损失亦为常量。然而,由于不同出行者性别、年龄、收入、价值观念及个人偏好的不同,其愿意为降低事故率而支付的费用也存在巨大差异,因而,采用 Logit 模型估算事故经济损失存在一定的局限性。

②Mixed Logit 模型。

Mixed Logit 模型可用于估计随机参数效用模型,它是由 Logit 概率在参数密度函数 $f(\beta)$ 上的积分得到的。在 Mixed Logit 模型中,出行者选择方案 i 的概率可表示成如下形式:

$$P_i = \int \frac{e^{V_i}}{\sum_{j \in A} e^{V_j}} f(\beta) d\beta \tag{4-68}$$

式中:$f(\beta)$——概率密度函数。

在 Mixed Logit 模型中,系数向量可以假定为不同的分布形式,如正态分布、对数正态分布、均匀分布、三角分布等。

4.4.2 调查方案设计

针对出行者出行特性分析及事故经济损失型构建的需要,本节以南京市为例,采用SP调查方法对居民出行行为进行意向性调查。通过获取出行者在道路交通安全水平(事故率)和出行费用之间的权衡数据,分析影响出行者支付意愿的影响因素,进而求得基于支付意愿的事故损失统计价值。

1)调查方案

调查方案详见4.3.2节出行时间节省价值问卷调查。

2)问卷设计

本次居民出行意向调查包括三部分内容。第一部分为个人背景信息,主要包括被调查者的社会经济属性(性别、年龄、学历、职业、个人年收入、居住省市等)和家庭状况信息(家庭人口数、家庭年收入等);第二部分为安全行为调研,如是否有过闯红灯、酒驾行为,是否习惯佩戴安全带等;第三部分为情境假设选择,主要反映被调查者在不同的事故率及出行费用组合情境下对出行路径的选择,该部分内容揭示了出行者在出行安全和出行费用之间的权衡。考虑到被调查者难以客观准确地感知事故率的高低,本次调查中采用事故频次和事故率相结合来反映道路交通安全水平。问卷设计详见附表B。

3)结果统计

在初始调查的2202个样本中,共有1277人回复,回复率为58%。为保证样本能代表总体信息,本研究在南京市未被调研的群体中开展了补充调研,最终各辖区样本比例如表4-5所示。在剔除不合理问卷后,共收集2857份问卷,产生10085次选择结果。表4-11为被调查者个人基本信息统计。

被调查者个人基本信息统计 表4-11

变量名	定义		样本量	
GENDER	性别	男	1460	51.10%
		女	1397	48.90%
AGE	年龄	≤29	920	32.20%
		30~49	1311	45.90%
		≥50	626	21.90%
INCOME	收入	≤3500元/月	954	33.40%
		3500~5000元/月	926	32.40%
		5000~8000元/月	597	20.90%
		8000~12500元/月	289	10.10%
		≥12500元/月	91	3.20%

续上表

变量名	定义		样本量	
EDUCATION	学历	小学/初中/高中/专科	1520	53.20%
		本科	1146	40.10%
		研究生及以上	191	6.70%
OCCUPATION	职业	学生	403	14.10%
		企事业单位雇员	780	27.30%
		专业技术人员	614	21.50%
		政府官员	225	7.88%
		私营雇主	213	7.46%
		无工作/退休	216	7.55%
		其他	406	14.21%
DRIVAGE	驾龄	未获得驾照	1255	43.94%
		1 年以内	397	13.88%
		1 ~5 年	708	24.80%
		5 年以上	497	17.39%
REDRUN	是否有过闯红灯行为	有	915	57.10%
		没有	687	42.90%
DRINKDRV	是否有过酒驾经历	有	813	50.76%
		没有	789	49.24%
SAFEBELT	是否佩戴安全带	几乎都带	1508	94.16%
		不带或偶尔带	94	5.84%

4.4.3 交通事故经济损失计算

1)出行者主观事故经济损失

本节依据调查数据分别建立固定参数 Logit 模型和随机参数 Logit 模型。如前文所述,固定参数模型中,各参数系数为一定值;而随机参数模型中,各变量系数可设置服从某一分布。模型应变量为被调查者是否愿意为将事故率降低至某一程度而支付一定费用(愿意 =1,不愿意 =0),自变量为个人社会经济属性以及最近一次出行相关数据,模型中初始输入的解释变量如表 4-12 所示。

模型初始输入解释变量 表4-12

变量名	类型	定义
GENDER	Dummy	“男”=1,其他=0
AGE1	Dummy	“30≤ 年龄≤49”=1,其他=0
AGE2	Dummy	“年龄≥ 50” =1,其他=0
EDU	Discrete	“初中/高中”=1,“本科”=2,“研究生及以上”=3
OCCUPA1	Dummy	“雇员”=1,其他=0
OCCUPA2	Dummy	“政府官员”=1,其他=0
OCCUPA3	Dummy	“专业技术人员”=1,其他=0
OCCUPA4	Dummy	“私营雇主”=1,其他=0
OCCUPA5	Dummy	“无业/退休人员”=1,其他=0
INCOME1	Dummy	“3500元/月≤收入≤5000元/月”=1,其他=0
INCOME2	Dummy	“5000元/月≤收入≤8000元/月”=1,其他=0
INCOME3	Dummy	“8000元/月≤收入≤12500元/月”=1,其他=0
INCOME4	Dummy	“收入≥12500元/月”=1,其他=0
DRIVAGE	Discrete	“1年以内”=1,“1~5年”=2,“5年以上”=3
DRINKDRV	Dummy	“有”=1,其他=0
SAFEBELT	Dummy	“几乎都带”=1,其他=0
PRIVATE	Dummy	“所支付的费用用于个人出行设施改善”=1,其他=0
DELTACAU	Continuous	事故率变化
DELTAC	Continuous	出行费用变化值(元)

采用式(4-56)、式(4-57)作为出行方案选择模型的系统效用方程,分别使用固定参数二项选择模型与随机参数二项选择模型对效用方程进行参数估计。在随机参数二项选择模型中,分别检验各参数的随机特性,结果表明对于机动车驾驶员,DELTAC与DELTACAU参数系数服从随机分布;而对于非机动车驾驶员,仅DELTAC参数系数服从随机分布。分别假设DELTAC与DELTACAU参数系数服从标准正态分布和对数正态分布,结果如表4-13与表4-14所示,其中所有参数在95%置信度下均为显著。

模型计算结果（机动车驾驶员） 表4-13

变量	固定参数模型			随机参数模型Ⅰ $\beta_{cost} \sim -N(\mu_1,\sigma_1^2)$，$\beta_{cau} \sim -N(\mu_2,\sigma_2^2)$			随机参数模型Ⅱ $\beta_{cost} \sim -\log N(\mu_3,\sigma_3)$，$\beta_{cau} \sim -N(\mu_4,\sigma_4^2)$			随机参数模型Ⅲ $\beta_{cost} \sim -N(\mu_5,\sigma_5^2)$，$\beta_{cau} \sim -\log N(\mu_6,\sigma_6)$		
	Coef.	Std.	z	Coef.	Std.	z	Coef.	Std.	z	Coef.	Std.	z
INCOME	0.243	0.055	4.45	0.177	0.086	2.06	0.259	0.086	3.00	0.188	0.087	2.17
EDU	0.165	0.095	1.73	1.017	0.188	5.42	0.941	0.176	5.34	0.948	0.185	5.13
GENDER	1.018	0.178	5.73	1.320	0.298	4.43	1.338	0.288	4.64	1.304	0.300	4.35
AGE1	0.520	0.177	2.94	0.889	0.301	2.95	0.766	0.292	2.63	0.833	0.296	2.81
AGE2	-3.116	0.237	-13.13	-4.217	0.448	-9.42	-4.197	0.434	-9.67	-4.332	0.542	-7.99
DRIVAGE	-0.316	0.098	-3.23	-1.229	0.208	-5.91	-1.103	0.192	-5.76	-1.147	0.210	-5.46
PRIVATE	3.318	0.164	20.24	5.313	0.545	9.75	4.841	0.429	11.28	5.331	0.566	9.42
OCCUPA4	0.626	0.242	2.58	0.926	0.412	2.25	0.855	0.382	2.24	0.991	0.415	2.39
DELTACAU	-2587.5	1252.57	-2.07	-30486.8	6246.37	-4.88	-30486.8	5540.10	5.35	-9.841	0.232	-42.49
DELTAC	-0.003	0.001	-2.95	-0.009	0.002	-4.21	-5.184	0.273	-19	-0.007	0.002	-3.73
Std. of DELTACAU				15987.66	3270.57	4.89	-16698.5	3133.59	-5.33	0.731	0.140	5.2
Std. of DELTAC				0.016	0.003	5.59	1.223	0.147	8.34	-0.016	0.003	-5.78
Constant	-0.966	0.047	-20.36	—	—	—	—	—		—	—	
Log likelihood	-1936.46			-589.01			-592.31			-595.00		
AIC	3894.93			1202.02			1208.62			1214.00		
Relative likelihood	0.000			1.000			0.037			0.003		

模型计算结果(非机动车驾驶员)　　表4-14

变量	固定参数模型			随机参数模型Ⅳ $\beta_{cost} \sim -N(\mu_5, \sigma_5^2)$			随机参数模型Ⅴ $\beta_{cost} \sim -\log N(\mu_6, \sigma_6)$		
	Coef.	Std. Err.	z	Coef.	Std. Err.	z	Coef.	Std. Err.	z
INCOME	0.462	0.060	7.73	0.447	0.096	4.68	0.573	0.174	3.30
GENDER	0.743	0.110	6.77	0.825	0.190	4.35	0.975	0.269	3.63
AGE1	-0.675	0.144	-4.69	-1.080	0.238	-4.54	-1.139	0.310	-3.67
AGE2	-0.411	0.178	-2.31	-0.672	0.280	-2.4	-0.735	0.327	-2.24
DELTACAU	-21620.59	1632.7	-13.24	-17946.77	2573.2	-6.97	-23807.42	4433.0	-5.37
DELTAC	-0.007	0.001	-9.75	-0.007	0.002	-3.66	-4.823	0.236	-20.40
Std. of DELTAC				0.028	0.007	4.13	1.852	0.201	9.22
Constant	-0.966	0.047	-18.12						
Log likelihood	-2100.35			-975.70988			-977.47549		
AIC	4216.70			1967.42			1970.95		
Relative likelihood	0.000			1.000			0.171		

由表4-13与表4-14可知,采用随机参数二项选择模型进行估计的似然值高于采用固定参数二项选择模型估计得到的似然值,表明混合Logit模型的优度高于二项Logit模型。对于机动车出行者,随机参数二项选择模型Ⅰ结果优于随机参数二项选择模型Ⅱ和模型Ⅲ,因此,下文依据随机参数二项选择模型Ⅰ估计结果分析影响出行效用的因素;对于非机动车出行者,随机参数二项选择模型Ⅳ结果优于随机参数二项选择模型Ⅴ,因此,下文依据随机参数二项选择模型Ⅳ估计结果分析影响出行效用的因素。

根据模型计算结果,对于机动车出行者,影响出行效用的显著性参数包括:收入、学历、性别、年龄、驾龄、职业、所支付的费用是否用于个人出行设施改善、事故率变化以及出行费用变化。收入越高、学历越高的群体更愿意为降低事故率支付费用;男性相较于女性更愿意为降低事故率支付费用;与年龄小于30岁的出行者相比,30~49岁的出行者更愿意为降低事故率支付费用,而50岁以上的出行者更不愿意为降低事故率支付费用;驾龄越高的出行者越不愿意为降低事故率支付费用;私营雇主相较于其他职业的出行者更愿意为降低事故率支付费用;此外,如果所支付费用用于个人出行设施改善(相较于将支付费用用于公共设施改善),出行者更愿意为降低事故率支付费用;事故率降低程度越小,出行费用增加越高,出行者越不愿意支付费用。

对于非机动车出行者,影响出行效用的显著性参数包括:收入、性别、年龄、事故率变化以及出行费用变化。收入越高的群体更愿意为降低事故率支付费用;男性相较于女性更愿意为降低事故率支付费用;与年龄小于30岁的出行者相比,30岁以上的出行者更不愿意为降低事故率支付费用;事故率降低程度越小,出行费用增加越高,出行者越不愿意支付费用。

根据模型参数估计结果可以得出死亡事故经济损失统计价值。如前文所述,事故经济损失价值为年事故率变化量的系数与费用变化量的系数的比值。采用蒙特卡洛仿真法计算VSL均值及其分布。根据计算结果,对于机动车出行者,VSL均值为3729493元/起事故,标准差为2181592元/起事故;而对于非机动车出行者,VSL均值为3281283元/起事故,标准差为2376975元/起事故。

2)事故经济损失社会价值

由于不同收入群体对社会效益的贡献不同,本节按照收入类别将调查数据分为四组,包括"INCOME0"(个人月收入≤3500元)、"INCOME1"(3500元≤个人月收入≤5000元)、"INCOME2"(5000元≤个人月收入≤8000元)及"INCOME3"(个人月收入≥8000元),针对这四组数据分别建立随机参数Logit模型,得到结果见表4-15。

不同收入类别群体事故经济损失价值(元/起事故) 表4-15

变 量	ε[1] (%)	k[2] (%)	η[3] (%)	$\varepsilon\eta$	θ[4] (%)	λ[5]	$\lvert\beta_{cau}\rvert$	SVSL (元)
INCOME0	0.00	34.90	9.33	0.0000	0.00	0.02830	30487	7184406
INCOME1	0.45	30.10	19.55	0.0009	1.07	0.01388		
INCOME2	2.61	19.90	19.77	0.0052	6.24	0.00748		
INCOME3	7.14	10.30	16.13	0.0115	13.95	0.00514		
INCOME4	18.45	4.80	35.21	0.0650	78.74	0.00370		
Total		100.00	100.00	0.0825	100.00	0.00424		

注:①ε表示各收入群体的平均纳税额占收入的百分比。

②k表示各收入区间群体占总人口的比例。

③η表示各收入群体平均收入占GNP的比例。

④θ表示各群体对社会效用的贡献比例。

⑤λ表示将效用转化为货币价值的换算系数。

根据受伤及财产损失事故占死亡事故经济损失的比例可以计算得到不同严重程度事故统计社会价值,如表4-16所示。

受伤及财产损失事故社会价值 表4-16

AIS 级别	严重程度	比例	均值(元)
AIS 1	轻微(Minor)	0.003	21553
AIS 2	中等(Moderate)	0.047	337667
AIS 3	较为严重(Serious)	0.105	754363
AIS 4	非常严重(Severe)	0.266	1911052
AIS 5	十分严重(Critical)	0.593	4260353
AIS 6	死亡(Fatal)	1	7184406

4.5 交通设计变权综合评价方法

4.5.1 经济有效性评价

在将所有的评价指标转化为经济指标后,可将各指标值加总,计算平面交叉口交通设计的综合影响效果。由于各评价指标参数并非为一定值,如:出行时间节省社会价值及事故经济损失社会价值受到多种因素的影响,其值并非为常数,而是服从某种分布。因此,评价时需考虑各输入参数的不确定性,使得计算结果能够反映决策过程的可信度。

在将生命周期内所有评价指标相关成本和效益转化为货币价值后,可采用一系列指标对项目进行经济有效性评价,包括:

(1)成本现值(Present Worth of Costs, PWC)。

(2)等价年均成本(Equivalent Uniform Annual Cost, EUAC)。

(3)等价年均回报(Equivalent Uniform Annual Return, EUAR)。

(4)净现值(Net Present Value, NPV)。

(5)内部收益率(Internal Rate of Return, IRR)。

(6)成本—效益比(Benefit-Cost Ratio, BCR)。

上述指标中,最为常用的指标包括净现值、成本—效益比以及内部收益率,各指标的定义如下。

1)净现值

净现值(NPV)是一项投资所产生的未来现金流的折现值与项目投资成本折现值之间的差值。净现值法将项目周期内所有成本及效益全部转化为分析初始阶段的现值,即项目盈亏总额的折现值。净现值为正值,投资方案为经济有效;反之则投资方案不可接受。净现值越大,投资方案越好。

2)成本—效益比

成本—效益比是指某一投资方案未来现金流入的现值同其现金流出的现值之比。与净现值法相比,该方法必须明确区分哪些部分为成本,哪些部分为收益。例如,若交通设计使得车辆总行程时间在高峰小时降低,在低峰及平峰小时增加,采用净现值法计算时,不论出行时间节省价值为正或为负,对计算结果均无影响;而采用现值指数法计算时,若出行时间节省价值为负值,将其作为成本或作为负的效益会对计算结果产生较大影响。

3)内部收益率

内部收益率(IRR)是指资金流入现值总额与资金流出现值总额相等、净现值等于零时的折现率。内部收益率就是在考虑了时间价值的情况下,使一项投资在未来产生的现金流量现值,刚好等于投资成本时的折现率。它是一项投资的报酬率,该指标越大越好。当内部收益率大于等于基准收益率时,则表示该项目经济有效。

4.5.2 基于蒙特卡洛仿真的多目标变权综合评价方法

为考虑指标不确定性对评价结果的影响,本章采用蒙特卡洛仿真法(Monte Carlo,MC)进行多目标综合评价。蒙特卡洛仿真方法又称统计实验方法,它是一种采用统计抽样理论近似求解不确定性问题的方法。该方法的基本思想是,首先建立与描述该问题相似的概率模型,然后对模型进行随机模拟或统计抽样,随后利用所得到的结果求出特征的统计估计值作为原问题的近似解,并对解的精度做出某些估计。蒙特卡洛仿真方法的主要理论依据是大数定理,其主要手段为随机变量的抽样分析。

采用蒙特卡洛仿真方法进行经济效益评价时,指标参数既可以为一常量,也可以服从某种分布;此外,在生命周期内,指标参数随时间发展而发生变化,因此将该评价模型称为变权综合评价模型。其输入参数示例如表4-17所示。

蒙特卡洛法输入参数示例 表 4-17

参数类别	输 入 参 数		参数分布类型
运行效率	出行时间节省价值(元/h)		Normal (avg, std)
交通环境	环境污染成本 (元/当量)	一氧化碳 (CO)	Constant
		氮氧化合物 (NO_x)	Constant
		挥发性有机化合物(VOC)	Constant
能源消耗	燃油价格(元/L)		Uniform (min, max)
交通安全	事故经济损失 (万元每起事故)	死伤事故(FI)	Normal (avg, std)
		财产损失事故(PDO)	Normal (avg, std)
	事故修正系数(CMF)	死伤事故(FI)	Normal (avg, std)
		财产损失事故(PDO)	Normal (avg, std)
实施成本	设施安装成本 (元)		Uniform (min, max)
	年维护费用(元)		Uniform (min, max)
其他	利率(%)		Triang (min, most likely, max)
	生命周期(年)		Constant

在蒙特卡洛仿真分析方法的基础上,结合 4.5.1 节中讨论的经济有效性评价指标可对交通设计项目进行经济有效性评价,其基本流程如图 4-3 所示。

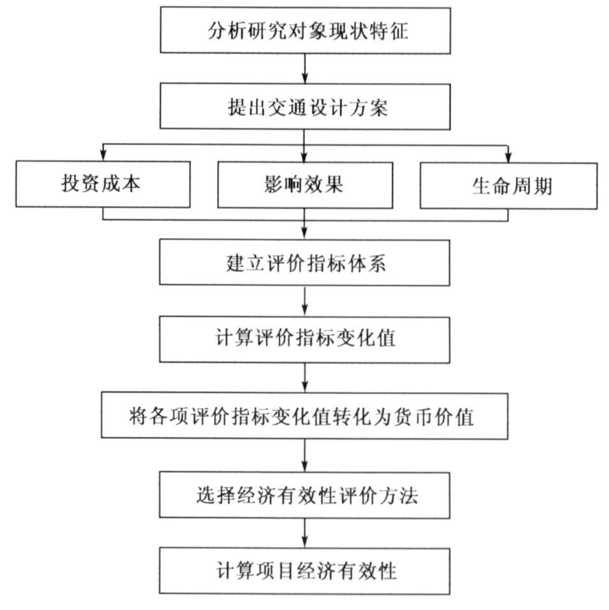

图 4-3 经济有效性评估流程图

4.6 本章小结

本章采用SP调查法获取南京市不同方式出行者的出行意愿数据,提出降低选择偏差的SP调查及抽样方法。依据出行效用最大化理论建立关于出行节省时间/事故率和出行增加费用的效用方程,根据出行路径选择数据分别建立二项固定参数选择模型和二项随机参数选择模型,对模型进行参数显著性检验和拟合优度检验,确立了效用函数中的解释变量,并对解释变量的系数服从的分布形式进行了探究,最终选择出行节省时间/事故率的系数服从正态分布、出行增加费用的系数为常量的二项随机参数选择模型进行出行效用影响因素分析。

由于不同收入级别的出行者获得的边际效用对社会效用的贡献程度不同,本章采用税收制度描述单位货币价值的个人效用对于单位货币价值的社会效用的影响,进而求得出行时间节省社会价值、事故经济损失社会价值以及各自的分布形式。本章主要结论如下:

(1)二项随机参数选择模型能够反映出行者之间的个体差异以及来自于不同省份的出行者支付意愿的差异,相较于二项固定参数选择模型能够得出更好的估算结果。

(2)在出行时间节省价值计算模型中,影响出行效用的显著性参数包括:性别、年龄、收入、出行方式、出行费用、出行途中是否从事其他活动、出行节省时间以及出行费用变化。在各参数中,出行途中是否从事其他活动这一因素在以往研究中较少提及,本章通过数据分析得出它对出行效用有着显著性影响。

(3)在事故经济损失价值计算模型中,对于机动车出行者,影响出行效用的显著性参数包括:收入、学历、性别、年龄、驾龄、职业、所支付的费用是否用于个人出行设施改善、事故率变化以及出行费用变化。对于非机动车出行者,影响出行效用的显著性参数包括:收入、性别、年龄、事故率变化以及出行费用变化。在各参数中,所支付的费用是否用于个人出行设施改善这一因素在以往研究中较少提及,本章通过数据分析得出它对出行效用有着显著性影响。

(4)根据模型计算结果,出行者主观出行时间节省价值(SVTT)均值为35.41元/h;出行时间节省社会价值(SVTTS)均值43.72元/h,标准差为3.83

元/h。

(5)对于机动车出行者,基于个体支付意愿的出行者主观死亡事故经济损失(VSL)均值为3729493元/起事故;而对于非机动车出行者,VSL均值为3281283元/起事故。道路交通死亡事故损失社会价值(SPOF)均值为7184406元/起事故。

在此基础上,本章分析了经济有效性评价指标及计算方法。采用蒙特卡洛(MC)仿真法进行多目标综合评价的不确定性分析,其中,MC方法的输入参数既可以为一定值,也可以服从某种分布,该方法可以提升评价结果的可信度。在此基础上提出项目经济有效性评估流程。

第5章 工程实例应用

本章依托典型案例对第四章中提出的多目标综合评价方法进行实例分析。所选案例包括:①信号交叉口左转弯待转区设计综合评价;②无信号交叉口交通设计改善措施方案比选。本章的框架结构如图 5-1 所示。

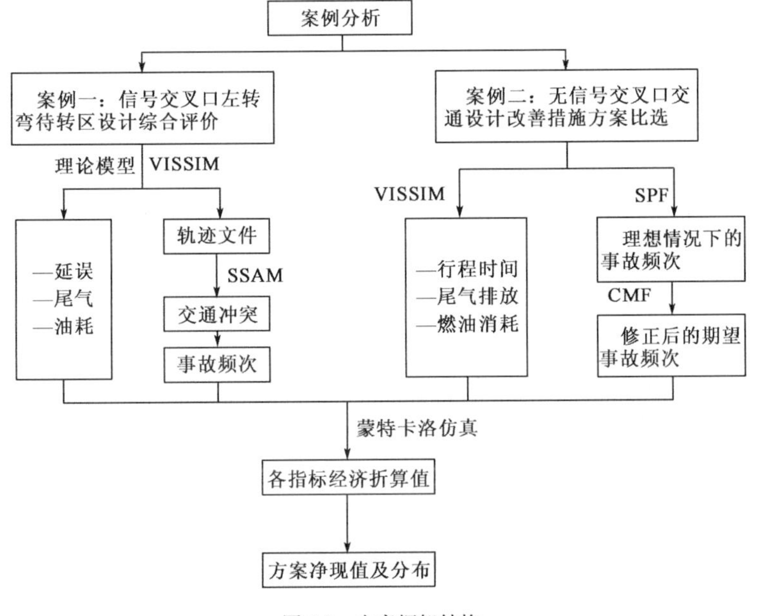

图 5-1 本章框架结构

5.1 案例一:信号交叉口左转弯待转区设计综合评价

城市道路交通的瓶颈大多集中在平面交叉口,通过对平面交叉口时空资源的优化配置可以达到提高通行能力、减缓交通拥堵的目的。交叉口的时空资源优化方式需要因地制宜，近年来，交通设计者针对不同几何类型、不同控制方式的交叉口采用不同的优化方式，并在设计过程中尝试一些新的设计或控制方式，由此产生了一些非常规的交叉口设计，如信号交叉口左转弯待转区设计、无信号交叉口远引掉头设计等。非常规平面交叉口设计遵循分离交通冲突点、均分交通负荷、保障主路优先的原则，根据交叉口及周边的用地条件对交叉口进行特殊设计，达到降低交通冲突点的数目或严重程度、减少交叉口信号相位数、提高有效绿灯时间、保障优先车流通畅运行的目的。

对非常规交叉口设计进行运行效率评价是判断设计方式能否保障交叉口通畅、有序运行的依据。目前，国内外学者在常规信号交叉口及无信号交叉口运行效率评价方面已形成了一套完整的理论，但在非常规交叉口方面的研究较少。在非常规设计的交叉口，交通组织及控制方式多样，交通流运行方式与常规交叉口交通流存在差异，需要针对各自的设计特点依据交通流理论进行具体分析。本节以城市道路信号交叉口左转弯待转区为例，分析非常规交叉口交通设计方式对于交叉口运行状况的影响。

5.1.1 设计方式概述

根据现行国家标准《道路交通标志和标线》（GB 5768），左转弯待转区常设置于信号交叉口左转专用进口道停车线前方，以白色虚线为边界，如图 5-2 所示。

以传统四相位信号设计方案为例，当直行绿灯启亮时，左转车流进入待行区等待通行；直行相位结束后，后置左转相位启动，左转车流通过交叉口。左转弯待转区的设置有利于提高信号交叉口时空资源利用率，降低排队长度，缓解排队溢流。本节通过比较“有左转弯待转区”与“无左转弯待转区”两种情况下的左转车流到达—消散过程之间的差异，得到影响左转专用车道通行能力及服务水平的关键因素，在此基础上依据实测数据对这些因素的影响程度进行量化分析。

5.1.2 计算方法

1）左转专用车道通行能力

假设信号交叉口车辆均匀到达，左转车道处于非饱和状态，左转车辆到达—离开过程如图 5-3 所示。图中，曲线斜率表示到达率及离开率，G_1 和 R_1 分别表示“无左转弯待转区”情况下的有效绿灯及红灯时间，G_2 及 R_2 分别表示“有左转弯待转区”情况下的有效绿灯及红灯时间,阴影部分面积表示对应的周期等待时间,$q(t)$表示t时刻左转车队排队长度。

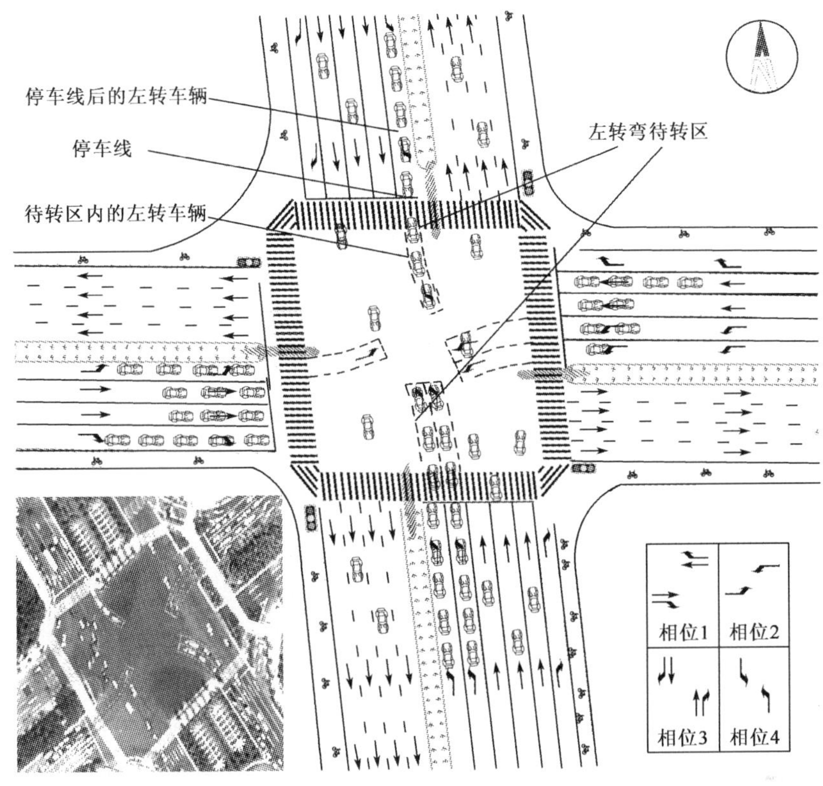

图5-2 信号交叉口左转弯待转区设置方式

如图5-3a)所示,在“无左转弯待转区”情况下,左转红灯期间,左转车辆进入交叉口排队等待;绿灯启亮后,排队车辆开始放行。t_1时刻,左转车流排队长度达到最大值q_{max1}。根据《美国道路通行能力手册》(HCM),信号交叉口左转专用车道通行能力可按下式计算:

$$C_1 = \frac{3600}{h_1} \cdot \frac{G + Y - L_{s1} - L_c}{T} \tag{5-1}$$

式中:C_1——“无左转弯待转区”情况下的左转专用车道通行能力[pcu/(h · lane)];

T——周期时长(s);

G——左转专用相位绿灯时长(s);

Y——黄灯时长(s);

L_{s1}——左转专用相位启动损失时间(s)；

L_c——清空损失(s)；

h_1——左转车流饱和车头时距(s)。

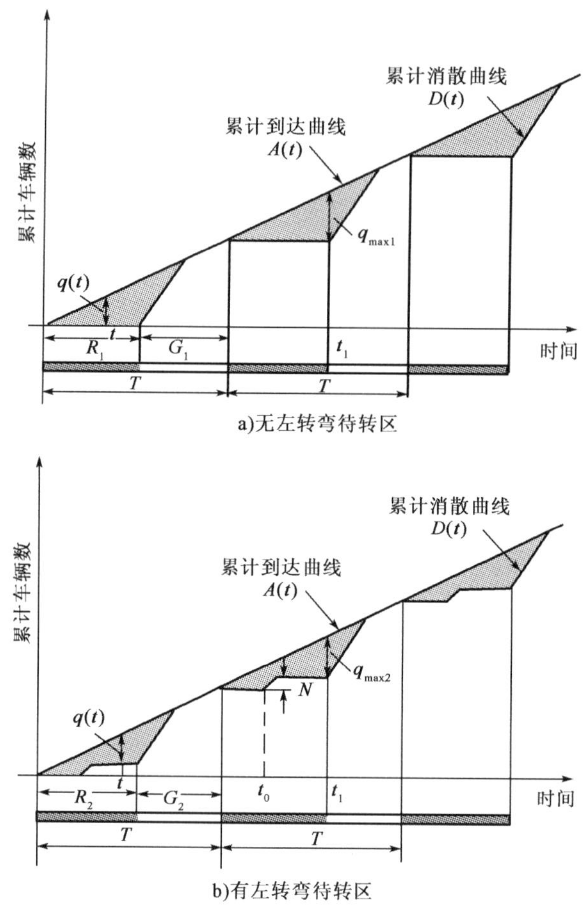

图 5-3　信号交叉口左转车流到达—离散过程

对于"有左转弯待转区"的信号交叉口,左转车流到达—离开曲线如图 5-3b)所示。t_0时刻,直行绿灯启亮,左转车辆进入待行区。以 N 表示待转区可以存储车辆数。t_1时刻,左转专用相位启动,左转车流排队长度最大。在这种情况下,左转专用进口道实际最大允许排队长度为 q_{max2} 与 N 之和,因而左转弯待转区的设置可以减缓排队溢流现象。

左转弯待转区的设置还可能影响左转车流的排队—消散特性。如图 5-3b)

所示,以原停车线为参考线,将通过原停车线的机动车视为已消散车辆,因此,直行绿灯期间进入左转弯待转区的车辆均为消散车辆。此时,将原停车线后方第一辆车作为车队第一辆车,由于左转弯待转区内的待行车辆的存在,停车线后方排队车流的启动损失及饱和车头时距将可能受到影响。其中,饱和车头时距决定排队消散曲线的斜率,启动损失决定各周期左转专用相位有效绿灯时间。根据图 5-3b)中车流消散特征分析,左转专用车道通行能力可由下式计算:

$$C_2 = \frac{3600}{T} \cdot \left(N + \frac{G + Y - L_{s2} - L_c}{h_2}\right) \tag{5-2}$$

式中:C_2——“有左转弯待转区”的交叉口左转专用进口道通行能力[pcu/(h · lane)];

N——左转弯待转区可以储存的车辆数;

L_{s2}——“有左转弯待转区”情况下原停车线后方排队车流启动损失(s);

h_2——原停车线后方排队车流饱和车头时距(s)。

由式(5-2)可知,“有左转弯待转区”的信号交叉口左转专用相位通行能力主要由以下参数决定:左转弯待转区可存储车辆数(N)、原停车线后方左转车流消散启动损失(L_{s2})以及左转专用车流饱和车头时距(h_2)。由于左转弯待转区内的待行车辆直接影响左转车流启动损失及饱和车头时距,而影响程度取决于左转弯待转区内车辆存储能力,因此,下文将侧重研究左转弯待转区内车辆存储能力对左转车流排队消散特性的影响。依据交通波理论,当左转绿灯启亮后,由于左转弯待转区内车辆的存在,停车线后方车辆无法立即启动,而是形成一股向后传播的启动波,因此启动损失可以表示为:

$$L_{s2} = L_{s1} + \frac{N}{K_j \cdot w} \tag{5-3}$$

式中:K_j——阻塞流密度,即阻塞状态下车头间距的倒数;

w——启动波波速(km/h),根据已有研究,该波速大约为 20km/h。

2)左转车流延误

假设信号交叉口车辆均匀到达,左转车道处于非饱和状态,各周期没有初始排队,由于左转弯待转区的设置增加了各周期的有效绿灯时间,降低了各周期的车流饱和度,因而均一延误及随机延误均将发生变化。图 5-4 显示了有左转弯待转区与无左转弯待转区两种情况下的均一延误差异。

如图 5-4 所示,OA 表示左转车流到达曲线,AB 表示当无左转弯待转区时的左转车流离开曲线,到达曲线与消散曲线之间的面积(即三角形 *OAB* 的面积 S_{OAB})表示一个周期内所有左转车流发生的总均一延误。

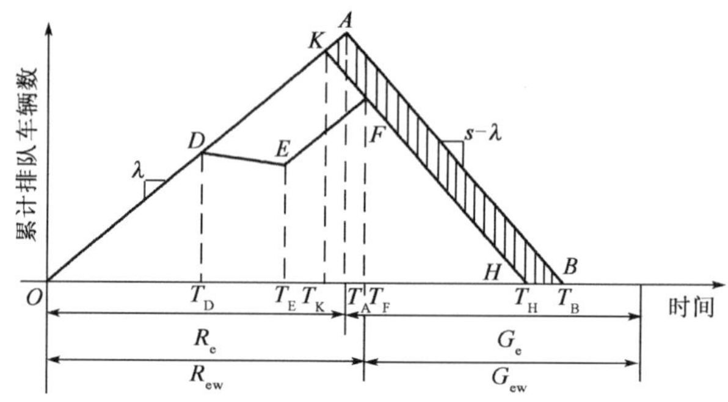

图 5-4　信号交叉口左转车流到达—离散过程

根据 HCM 延误计算方法,左转车辆平均控制延误(d)可由以下公式计算得到:

$$d = d_1 + d_2 \tag{5-4}$$

$$d_1 = \frac{S_{OAB}}{C\lambda} = 0.5C\frac{\left(1 - \frac{G_e}{C}\right)^2}{1 - \frac{XG_e}{C}} \tag{5-5}$$

$$d_2 = 900T\left[(X-1) + \sqrt{(X-1)^2 + \frac{8kIX}{cT}}\right] \tag{5-6}$$

$$X = \frac{3600qC}{hG_e} \tag{5-7}$$

$$G_e = G + Y - L_s \tag{5-8}$$

式中:d_1——均一延误(s/veh);

d_2——随机延误(s/veh);

C——周期时长(s);

λ——车辆到达率(veh/h);

X——左转车道饱和度;

T——分析时长(h);

k——随机延误参数(定时信号配时为 0.5);

I——上游车流调整参数(单一交叉口为 1.0);

c——左转车道通行能力(veh/h);

h——左转车流饱和车头时距(s)；

G_e——有效绿灯时间(s)；

G——绿灯时长(s)；

Y——黄灯时长(s)；

L_s——启动损失(s)。

对于“有左转弯待转区”的信号交叉口，如图5-4所示，T_D到T_E期间，左转车流前N辆车进入待行区排队等待；T_F时刻，左转车流开始消散，直至T_H时刻，左转车流全部通过交叉口。该周期左转车流总延误可表示为停车线后方左转车流的延误(即多边形$ODEFH$的面积S_{ODEFH})与前N辆车在待行区内产生的延误(即多边形$DEFK$的面积S_{DKFE})之和，因此，左转车流总延误可表示为三角形OKH的面积(S_{OKH})。图5-4中，阴影部分面积表示由于左转弯待转区的设置而减少的左转车流延误，计算公式可表示如下：

$$d_w = d_{1w} + d_{2w} \tag{5-9}$$

$$d_{1w} = \frac{S_{OKH}}{C\lambda} = \frac{0.5T_H \cdot \lambda T_K}{C\lambda} = 0.5C\frac{[1-(G_{ew}+N/s_w)/C]^2}{1-X_w(G_{ew}+N/s_w)/C} \tag{5-10}$$

$$d_{2w} = 900T\left[(X_w-1)+\sqrt{(X_w-1)^2+\frac{8kIX_w}{c_wT}}\right] \tag{5-11}$$

$$X_w = \frac{\lambda h_w C}{3600G_{ew}} \tag{5-12}$$

$$G_{ew} = G + Y + R_c - L_{sw} - L_{cw} \tag{5-13}$$

$$s_w = \frac{3600}{h_w} \tag{5-14}$$

式中：d——有左转弯待转区情况下的左转车流平均控制延误(s/veh)；

d_{1w}——有左转弯待转区情况下的左转车流平均均一延误(s/veh)；

d_{2w}——有左转弯待转区情况下的左转车流随机延误(s/veh)；

c_w——有左转弯待转区情况下的左转车道通行能力(veh/h)；

X_w——有左转弯待转区情况下的左转车道饱和度；

G_{ew}——有左转弯待转区情况下的有效绿灯时间(s)；

s_w——有左转弯待转区情况下的左转车流消散率(veh/hr)。

由式(5-9)～式(5-14)可知，“有左转弯待转区”的信号交叉口左转车流延误主要由以下参数决定：左转弯待转区可存储车辆数(N)、左转专用车流饱和车头时距(h_w)、原停车线后方左转车流消散启动损失(L_{sw})以及左转车流清空损失(L_{cw})。由于左转弯待转区内的待行车辆直接影响左转车流启动损失及饱和车头时距,而影响程度取决于左转弯待转区内车辆存储能力,因此,本节将侧重研究左转弯待转区内车辆存储车辆数对左转车流排队消散特性的影响。

3)饱和车头时距及启动损失

消散车头时距法是一种常用的计算饱和车头时距及启动损失的方法。HCM 中提出,绿灯启亮后,排队车流初始车头时距较大,随后逐渐减小,在排队第四辆或第五辆车后,车头时距逐渐趋向于一定值,即饱和车头时距,该值可表示为饱和状态后各车辆车头时距的平均值。启动损失包括车队首辆车的启动反应时间及车队达到饱和状态之前车辆的加速损失时间,可根据下式计算获得:

$$L_s = T_4 - 4 \times h \tag{5-15}$$

式中:L_s——启动损失时间;

T_4——前四辆车的实际消散时间,即绿灯启亮值第四辆车尾通过停车线的时间;

h——饱和车头时距。

传统的消散车头时距法认为,车队第四辆或第五辆车通过停车线后,车头时距达到饱和状态。而对于“有左转弯待转区”的信号交叉口,待转区内的车辆可能对停车线后车流消散特性产生影响。为检验排队车流何时达到饱和状态,本节采用 t 检验对各周期排队第 i 辆车的车头时距及第 i 辆车之后车辆的车头时距进行统计显著性检验,当两者不存在显著性差异时,可认为第 i 辆车的车头时距达到饱和状态。采用的 t 检验的原假设可表述为:左转车流各周期第 i 辆车的车头时距与第 i 辆车之后车辆的车头时距没有显著差异。当且仅当式(5-16)成立时,拒绝原假设:

$$t = \frac{|\overline{X} - \overline{X}_i|}{\sqrt{\frac{s^2}{n} + \frac{s_i^2}{n_i}}} \geqslant t_{\alpha/2} \tag{5-16}$$

式中:α——显著性水平;

$\overline{X}_i$——各周期排队第 i 辆车的车头时距均值;

$\overline{X}$——各周期第 i 辆车之后车辆的车头时距平均值;

s_i、s——观测样本方差;

n_i、n——观测样本量；

$t_{\alpha/2}$——在 $100(1-\alpha/2)\%$ 置信度条件下的 t 分布的统计量值，其中该统计量的自由度 df 采用式(5-17)进行计算。

$$\mathrm{df}=\frac{\left(\frac{s^2}{n}+\frac{s_i^2}{n_i}\right)^2}{\frac{\left(\frac{s^2}{n}\right)^2}{n-1}+\frac{\left(\frac{s_i^2}{n_i}\right)^2}{n_i-1}} \tag{5-17}$$

若无法拒绝原假设，则认为车队从第 i 辆车开始达到饱和状态，此时饱和车头时距为第 i 辆车至最后一辆车车头时距平均值，启动损失为绿灯启亮至第 $i-1$ 辆车后轮通过停车线的时间间隔与前 $i-1$ 辆车的累计饱和车头时距之差。若原假设被拒绝，则采用同样的方法检验第 $i+1$ 辆车的车头时距与第 $i+1$ 辆车之后车辆的车头时距有无显著性差异，依次循环，直至原假设无法被拒绝。

本节亦采用线性回归法计算“有”“无”左转弯待转区两种情况下的饱和车头时距。与排队消散法相比，线性回归法无需假设车队何时达到饱和状态。该模型可表示如下：

$$t=\beta_0+\beta_1\times n \tag{5-18}$$

式中：t——绿灯启亮至第 n 辆车后轮通过停车线的时间间隔($n\geqslant5$)；

β_1——饱和车头时距；

β_0——模型常数。

5.1.3 数据采集

本节使用对比试验法对“有左转弯待转区”和“无左转弯待转区”两类信号交叉口影响通行能力和延误的关键参数进行比较分析，确保被调查交叉口除“有”“无”待转区外，交叉口特征基本保持一致，从而认为在不同交叉口测得的数据差异仅由是否设有左转弯待转区及固有随机性引起。

为确保所选的两类信号交叉口具有可比性，本研究在进行数据采集点选取时遵循了如下原则：①该信号交叉口设有左转专用进口道并采用后置左转保护相位；②所选进口道左转车辆较多，高峰时期平均每周期左转车辆数超过 8 辆；③车道宽度至少 3.5m；④交叉口内行人及非机动车较少，对机动车流几乎无影响；⑤在进口道内停车线前 100m 范围内没有路侧停车位或公交站台；⑥所选进口道位于水平路面;⑦交叉口远离城市中心商业区。

根据以上原则选择南京市22个进口道进行数据调研,其中,11个进口道设有单左转车道,11个进口道设有双左转车道,数据采集点情况如表5-1所示。采用视频录像的方式对实地数据进行记录,将摄像机置于路侧建筑物高层,以确保整个进口道都在观测范围内,合理调整录制视频的角度及位置以提高视频数据的有效性,如表5-1和图5-5所示。

调查交叉口特性

表5-1

车道类型	编号	交叉口	进口道方向	N	车道数		
					左	直	右
单左转车道	1	北京东路—丹凤街	东	0	1	2	1
	2	北京东路—丹凤街	西	0	1	2	1
	3	龙蟠路—中山东路	南	0	1	4	1
	4	北京东路—丹凤街	北	1	1	2	1
	5	龙蟠路—大光路	南	1	1	3	2
	6	淮海路—洪武路	北	2	1	2	1
	7	中山东路—洪武路	南	2	1	2	1
	8	中山东路—洪武路	西	2	1	3	1
	9	中山东路—解放路	东	3	1	2	2
	10	龙蟠路—中山东路	东	3	1	3	2
	11	龙蟠路—瑞金路	西	3	1	2	2
双左转车道	12	中山东路—洪武路	北	0	2	3	1
	13	淮海路—洪武路	西	0	2	1	1
	14	北京东路—丹凤街	南	0	2	2	1
	15	龙蟠路—瑞金路	东	1	2	2	1
	16	龙蟠路—瑞金路.	北	1	2	2	1
	17	中央路—新模范马路	东	1	2	2	2
	18	龙蟠路—中山路	北	2	2	3	1
	19	龙蟠路—中山路	西	2	2	2	1
	20	中央路—新模范马路	北	2	2	2	1
	21	龙蟠路—瑞金路	南	3	2	2	1
	22	中央路—新模范马路	南	3	2	3	1

对22个进口道共计78h的视频数据进行读取及记录,以信号周期为统计周期,记录数据包括左转车流通行能力、左转车流平均运行速度、各相位开始及结束时间、每辆左转车后轮通过停车线的时间,其中左转车流通行能力为饱和状态

下平均每小时左转专用进口道消散车辆数。采用秒表记录前后两辆左转车辆之间的车头时距，其中第一辆车的车头时距为绿灯启亮至第一辆车后轮通过停车线的时间，第二辆车的车头时距为第一辆车后轮经过停车线至第二辆车后轮经过停车线的时间差。所记录车辆仅包括停止后通行的排队车辆。清空损失时间记录为饱和周期内排队尾车后轮通过停车线的时间与左转相位全红结束的时间差。所选数据采集点中，进口道7、11、20、22数据用于仿真验证，其余进口道数据用于车流消散特性分析。考虑到公交、货车、掉头车辆等对车流消散特性存在影响，本节排除了上述车辆存在的周期，由此，本节总共记录929个左转车队中的3367个车头时距数据。

图5-5 数据采集点

5.1.4 数据分析

如前文所述，左转弯待转区内车辆存储能力可能对左转车流排队消散特性产生影响，表5-1中所选进口道左转弯待转区存储车辆数从0到3辆不等，因此本节将所选数据点分为四种情况：(Ⅰ)$N=0$，即无左转弯待转区；(Ⅱ)$N=1$，即左转弯待转区内可停放一辆小汽车；(Ⅲ)$N=2$，即左转弯待转区内可停放两辆小汽车；(Ⅳ)$N=3$，即左转弯待转区内可停放三辆小汽车。采用t

检验分析各情况下的饱和车头时距及启动损失数据之间是否存在显著性差异，其结果总结如下。

1）排队消散特性

图5-6为上述四种情况下的车头时距统计数据，由图可知，车队第一辆车的车头时距随着左转弯待转区存储能力的增大而增大，该现象的产生是因为左转弯待转区内的左转车辆会对停车线后方车辆正常消散产生阻碍，并且左转弯待转区内的车辆越多，阻碍效应越明显。

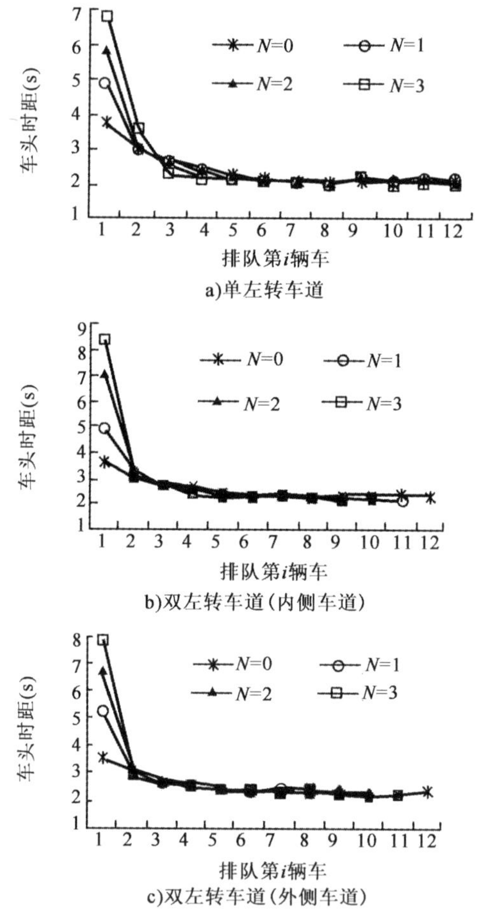

a)单左转车道

b)双左转车道（内侧车道）

c)双左转车道（外侧车道）

图5-6　不同情况下停车线后方左转车辆消散车头时距

采用 t 检验判断四种情况下左转车流各在何时达到饱和状态。结果表明，对于单左转车道，左转车流车头时距分别从第六辆车（Ⅰ）、第五辆车（Ⅱ）、第四辆车

(Ⅲ)、第四辆车(Ⅳ)开始达到饱和状态;对于双左转车流内测车道,左转车流车头时距分别从第七辆车(Ⅰ)、第六辆车(Ⅱ)、第五辆车(Ⅲ)、第五辆车(Ⅳ)开始达到饱和状态;对于双左转车流外测车道,左转车流车头时距分别从第六辆车(Ⅰ)、第六辆车(Ⅱ)、第五辆车(Ⅲ)、第四辆车(Ⅳ)开始达到饱和状态。

2)饱和车头时距及启动损失

表5-2为饱和车头时距统计数据。如表5-2所示,无左转弯待转区时左转车流饱和车头时距与有左转弯待转区时左转车流饱和车头时距数据大致相当,对于双左转车道,其车头时距大于单左转车道,并且外侧车道数据略大于内侧车道,这一结论与其他早期研究结论相符。

采用 t 检验判断有左转弯待转区与无左转弯待转区情况下饱和车头时距之间是否存在显著差异,检验结果如表5-2最后一列所示。当置信度为95%时,所有统计结果均不显著,表明左转弯待转区的设置并未显著影响停车线后左转车流的饱和车头时距。

饱和车头时距 t 检验统计结果 表5-2

车道类型	N	m①	样本量	最小值	最大值	均值	方差	p 值②
单左转车道	0	6	225	1.03	3.35	2.10	0.39	—
	1	5	333	1.11	4.37	2.14	0.41	0.343
	2	4	608	0.95	4.08	2.13	0.45	0.344
	3	4	241	1.06	3.88	2.11	0.55	0.818
双左转车道(内侧)	0	7	168	1.42	3.90	2.31	0.67	—
	1	6	267	1.28	4.85	2.28	0.55	0.630
	2	5	357	1.26	4.52	2.33	0.56	0.980
	3	5	188	1.33	4.29	2.29	0.53	0.797
双左转车道(外侧)	0	6	220	0.96	4.44	2.32	0.57	—
	1	6	325	1.09	4.26	2.32	0.55	0.983
	2	5	416	1.31	5.57	2.34	0.58	0.636
	3	4	220	1.17	4.91	2.35	0.62	0.568

注:①第 m 辆排队车辆开始达到饱和车头时距。

②$p>0.05$,表示当置信度为95%时,所有的统计结果均不显著。

采用线性回归模型计算各情况下左转车流的饱和车头时距,其结果如图5-7及图5-8所示。所有线性回归模型 R^2 值均为0.68~0.90,表明回归模型对实际数据拟合结果较好。此外,由线性回归模型估计所得的饱和车头时距与排队消散法计算所得的数据结果十分接近，四种情况下，单左转车道与双左转车道左转车流饱和车头时距均大致相当。

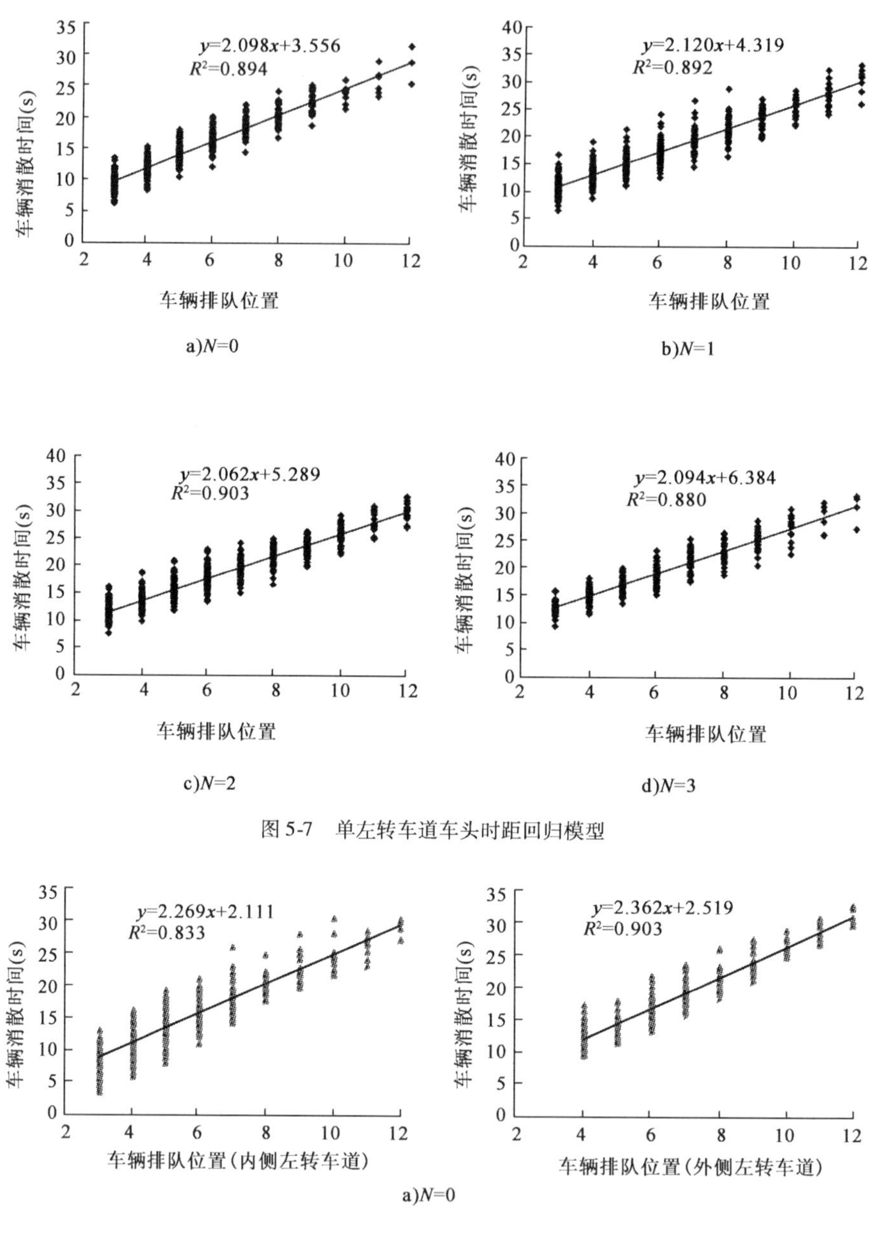

图 5-7　单左转车道车头时距回归模型

图　5-8

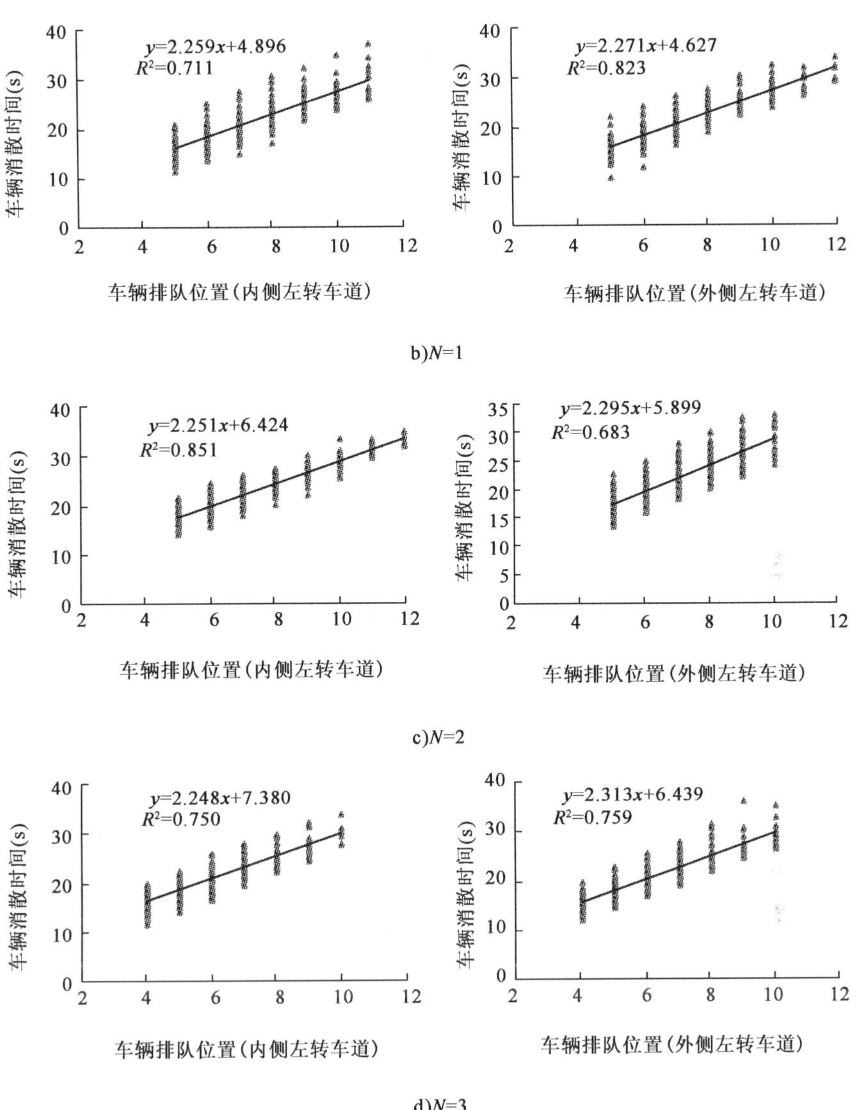

b)N=1

c)N=2

d)N=3

图5-8　双左转车道车头时距回归模型

启动损失统计结果如表5-3所示。对于单左转车道,左转车流启动损失变化幅度为 -0.87 ~9.34s;对于双左转内侧车道,其饱和车头时距变化幅度为 -2.90 ~ 13.63s;对于双左转外侧车道,其饱和车头时距变化幅度为 -1.74 ~10.83s。采用 t 检验判断有左转弯待转区($N=1,2,3$)与无左转弯待转区($N=0$)情况下饱和车头时距之间是否存在显著差异,如表5-3所示,当置信度为95%时,所有统计结果均显著,表明左转弯待转区的设置显著影响停车线后左转车流的启动损失,且影响幅度随着左转弯待转区存储能力的增大而增大。表5-4为清空损失统计数据。无左转弯待转区时左转车流清空损失与有左转弯待转区时左转车流清空损失数据大致相当,当置信度为95%时,所有统计结果均不显著,表明左转弯待转区的设置并未显著影响停车线后左转车流的饱和车头时距。

启动损失 t 检验统计结果　　表5-3

车道类型	N	m①	样本量	最小值	最大值	均值	方差	p值②
单左转车道	0	6	98	-0.87	7.45	3.44	1.44	—
	1	5	81	1.05	8.63	4.22	1.60	0.002
	2	4	69	2.60	8.15	4.94	1.58	<0.001
	3	4	43	2.80	9.34	6.28	1.42	<0.001
双左转车道(内侧)	0	7	81	-2.90	10.70	2.87	2.32	—
	1	6	85	0.14	9.58	4.57	2.17	<0.001
	2	5	100	2.21	11.96	6.11	1.88	<0.001
	3	5	46	2.54	13.63	7.42	2.36	<0.001
双左转车道(外侧)	0	6	82	-2.16	8.67	2.71	1.96	—
	1	6	98	-1.74	10.55	4.20	1.95	<0.001
	2	5	94	1.53	10.51	5.63	1.86	<0.001
	3	4	52	2.75	10.83	6.54	2.06	<0.001

注:①第 m 辆排队车辆开始达到饱和车头时距。

②$p>0.05$,表示当置信度为95%时,所有的统计结果均不显著。

清空损失 t 检验统计结果　　表5-4

车道类型	N	m①	样本量	最小值	最大值	均值	方差	p值②
单左转车道	0	6	18	1.00	2.84	2.03	0.58	—
	1	5	19	0.08	3.80	2.00	0.83	0.914
	2	4	17	0.48	4.72	1.98	1.06	0.859
	3	4	16	0.12	3.84	2.10	1.04	0.817

续上表

车道类型	N	m①	样本量	最小值	最大值	均值	方差	p 值②
双左转车道（内侧）	0	7	17	0.68	3.80	2.27	0.84	—
	1	6	20	0.72	3.56	2.24	0.85	0.920
	2	5	34	0.20	4.56	2.10	0.98	0.559
	3	5	28	0.87	4.36	2.11	0.86	0.537
双左转车道（外侧）	0	6	23	0.64	3.12	2.34	0.87	—
	1	6	20	0.72	4.47	2.07	0.87	0.388
	2	5	33	0.68	4.80	2.30	1.04	0.642
	3	4	24	0.56	5.35	2.09	1.08	0.471

注：①第 m 辆排队车辆开始达到饱和车头时距。

②$p>0.05$，表示当置信度为95%时，所有的统计结果均不显著。

3）专用左转车道通行能力

根据计算所得饱和车头时距、启动损失与清空损失数据，结合式(5-2)计算四种情况下的左转专用进口道通行能力，结果如图5-9所示。

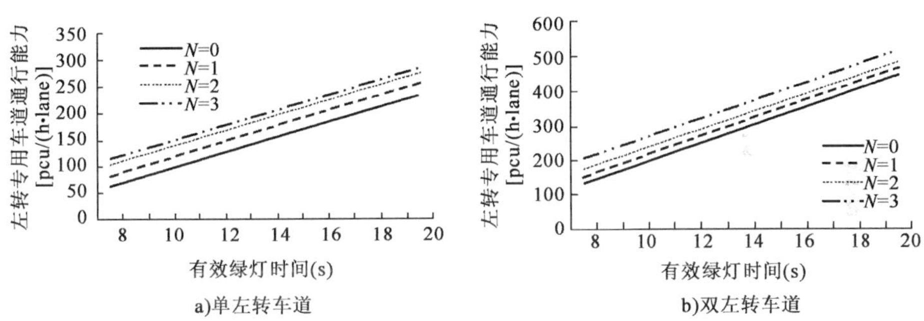

图5-9 左转专用进口道通行能力

图5-9中曲线表明，左转专用进口道同行能力随着左转弯待转区存储能力的增大而增大。假设有效绿灯时间为20s，设置存储能力为3辆小汽车的左转弯待转区可使得单左转专用进口道通行能力提高20.5%，使得双左转专用进口道通行能力提高15.8%。

4）左转车流延误

根据计算所得饱和车头时距、启动损失与清空损失数据，结合公式(5-38)～

(5-43)计算四种情况下的左转车流平均延误,其结果如图 5-10 所示。图 5-10 中曲线表明,设置左转弯待转区有助于降低左转车流平均延误,其降幅随着左转弯待转区存储能力及左转车流量的增大而增大。

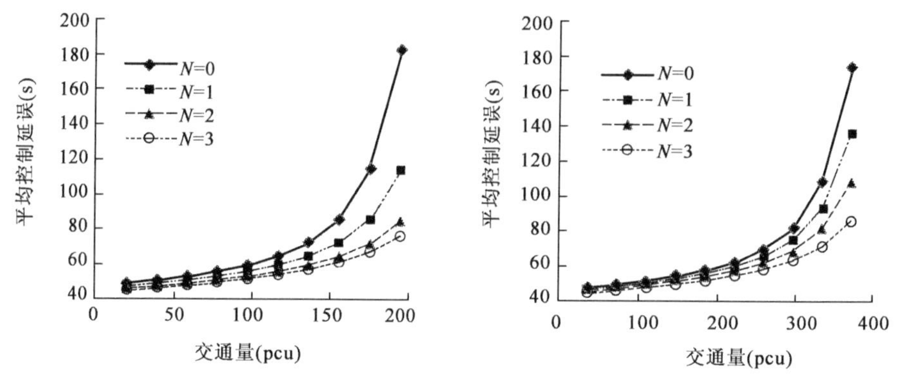

图 5-10　各情况下左转车流平均延误比较

5.1.5　基于交通仿真的左转弯待转区交叉口交通运行评价

本节采用仿真模型对前一节中提出的通行能力及延误模型进行验证,进而在不同的道路交通条件下对影响交叉口运行效率的关键参数进行敏感性分析。

为考虑各时段交通量对于评价结果的影响,针对各小时段交通情况分别建立仿真模型,交通流量变化情况如表 5-5 所示。

小时交通流量变化情况　　表 5-5

小　时	ADT(%)	小　时	ADT(%)	小　时	ADT(%)
0~1	1.2	8~9	6.3	16~17	7.9
1~2	0.8	9~10	5.2	17~18	8.5
2~3	0.7	10~11	4.7	18~19	5.9
2~4	0.5	11~12	5.3	19~20	3.9
3~5	0.7	12~13	5.6	20~21	3.3
4~6	1.7	13~14	5.7	21~22	2.8
5~7	5.1	14~15	5.9	22~23	2.3
7~8	7.8	15~16	6.5	22~24	1.7

采用 VISSIM 软件分别对两类交叉口建立仿真模型,模型输入参数包括车道数、车道长度及宽度、交通量、信号控制策略、运行车速等。在信号交叉口左转

专用车道设置两个信号控制器,如图 5-11 所示。第一个信号控制器设置于原停车线位置,当直行相位启动时,该信号显示为绿灯,此时左转车辆可以通过原停车线进入待行区;当左转专用相位结束时,该信号控制器变为红灯。第二个信号控制器设置于左转弯待转区前方边界停车线,左转专用相位启动时,信号显示绿灯;左转专用相位结束时,信号变为红灯。

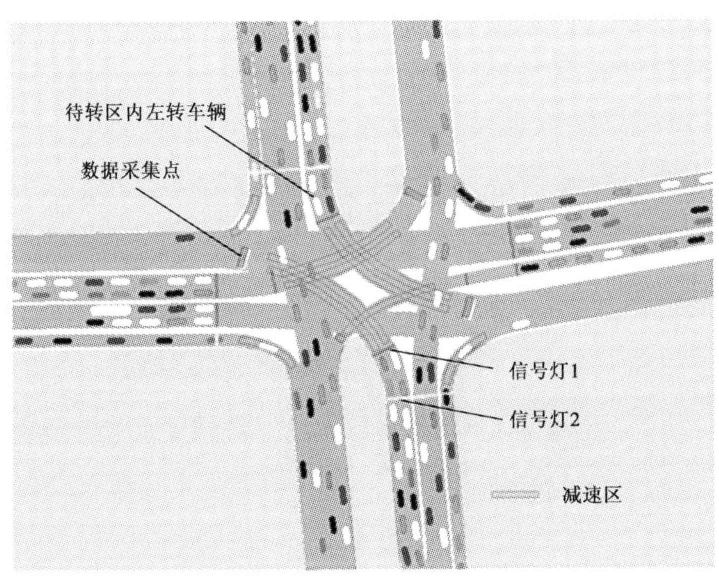

图 5-11 左转弯待转区 VISSIM 仿真模型

模型标定后,采用实地检测到的通行能力数据对仿真模型进行校核。将每一交叉口的仿真模型运行多次,每次运行时间为 1h,采用平均值作为仿真后的结果,以消除仿真试验的随机性对结果的影响。将仿真所得数据与模型计算结果相比较,采用平均误差百分比对计算结果进行评估,其计算公式如下:

$$\mathrm{MAPE_c}=\frac{1}{n}\sum_{i=1}^{n}\left|\frac{c_{\mathrm{s}}^{i}-c_{\mathrm{f}}^{i}}{c_{\mathrm{f}}^{i}}\right| \tag{5-19}$$

式中:$\mathrm{MAPE_c}$——通行能力仿真结果与观测结果平均误差百分比(%);

n——仿真进口道的数量;

c_{f}^{i}——实地观测得到的进口道 i 的通行能力(pcu/h);

c_{s}^{i}——仿真得到的进口道 i 的通行能力(pcu/h)。

根据标定后的仿真模型所得数据,单左转进口道平均通行能力计算误差为

12.09%,双左转进口道平均通行能力计算误差为14.16%,如图5-12所示。仿真模型得出结果略高于通行能力实测数据。进一步研究发现,仿真模型中,部分左转专用相位结束后仍有左转车辆滞留待行区内,而该部分车辆实际可以在这一周期内通过交叉口。为此,在模型中设置信号灯1绿灯结束时间比信号灯2滞后2~3s,使得待行区内原滞留车辆可以全部通行。修正后的模型运行结果如图5-12所示,单左转进口道平均通行能力计算误差为7.09%,双左转进口道平均通行能力计算误差为8.16%。

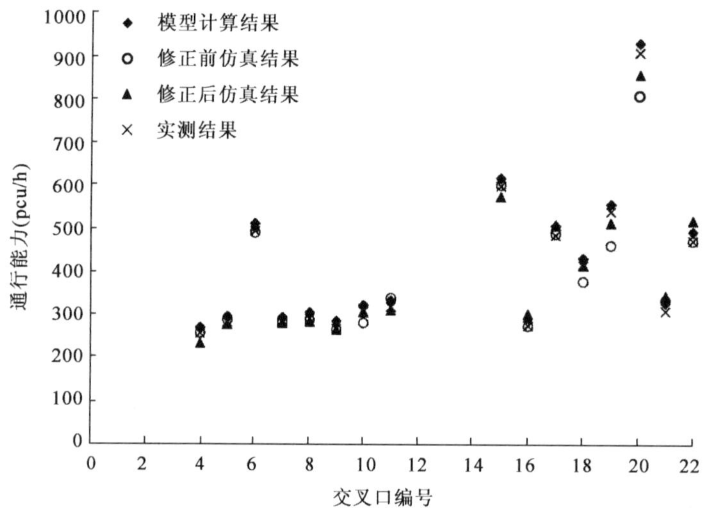

图5-12 VISSIM仿真误差

采用同样的计算方法对仿真延误进行校核。在VISSIM仿真软件中,车辆延误被定义为通过某一区间的实际通行时间与以自由流速度通过该区间的时间差,该定义与交叉口车辆控制延误的定义相一致。延误平均误差百分比的计算公式如下:

$$\mathrm{MAPE_d}=\frac{1}{n}\sum_{i=1}^{n}\left|\frac{d_{\mathrm{s}}^{i}-d_{\mathrm{f}}^{i}}{d_{\mathrm{f}}^{i}}\right| \tag{5-20}$$

式中:$\mathrm{MAPE_d}$——延误仿真结果与观测结果平均误差百分比(%);

n——仿真进口道的数量;

d_{f}^{i}——实地观测得到的进口道i的平均控制延误(s);

d_{s}^{i}——仿真得到的进口道i的延误(s)。

根据标定后的仿真模型所得数据，单左转进口道平均延误仿真误差为3.9%，双左转进口道平均延误仿真误差为5.7%。结果表明，延误仿真结果与实地观测所得数据拟合情况较好。

在VISSIM仿真模型基础上，本节利用SSAM软件建立交通冲突仿真模型。具体过程如下：

(1)交通冲突数据采集

采用Video Studio软件进行视频数据处理，以龙蟠中路—中山东路交叉口为例，对东进口道(双左转车道)和西进口道(单左转车道)共计6h的视频数据进行左转车流交通冲突数据读取，共记录184起冲突，其中单左转车道54起追尾冲突，双左转车道122起追尾冲突，8起变道冲突。

(2)建立SSAM仿真模型

运行VISSIM仿真模型，输出轨迹文件，将轨迹文件导入SSAM，对模型进行初始化标定。根据观测数据，默认参数下，单左转车道追尾冲突MAPE值为68.1%，双左转车道追尾冲突和变道冲突MAPE值分别为43.9%和72.2%，模型与观测差异较大，因此需要进行参数修正。

(3)仿真模型第一阶段参数标定

采用遗传算法对仿真模型进行第一阶段参数修正。主要修正参数包括：观察前方距离、观察前方车辆数、最小车头间距、最大减速度、平均停车距离、安全距离的加法因子和安全距离的乘法因子。

(4)仿真模型第二阶段参数标定

将修正后的仿真模型进行第二阶段参数标定，修正参数包括变道模型中的安全距离降低因子和距离冲突发生的时间(TTC)。参数修正后，单左转车道追尾冲突MAPE值降低至18.3%，双左转车道追尾冲突MAPE值降低至21.9%，变道冲突MAPE值降低至25.0%。

1)运行效率分析结果

标定及校核后的仿真模型可以用于交叉口设计参数敏感性分析。本节采用VISSIM软件分析左转弯待转区存储能力对于左转专用进口道运行效率、交通环境和能源消耗的影响，评价指标包括通行能力、延误、尾气排放(CO，NO_x，VOC)和油耗，计算结果如图5-13～图5-16所示。

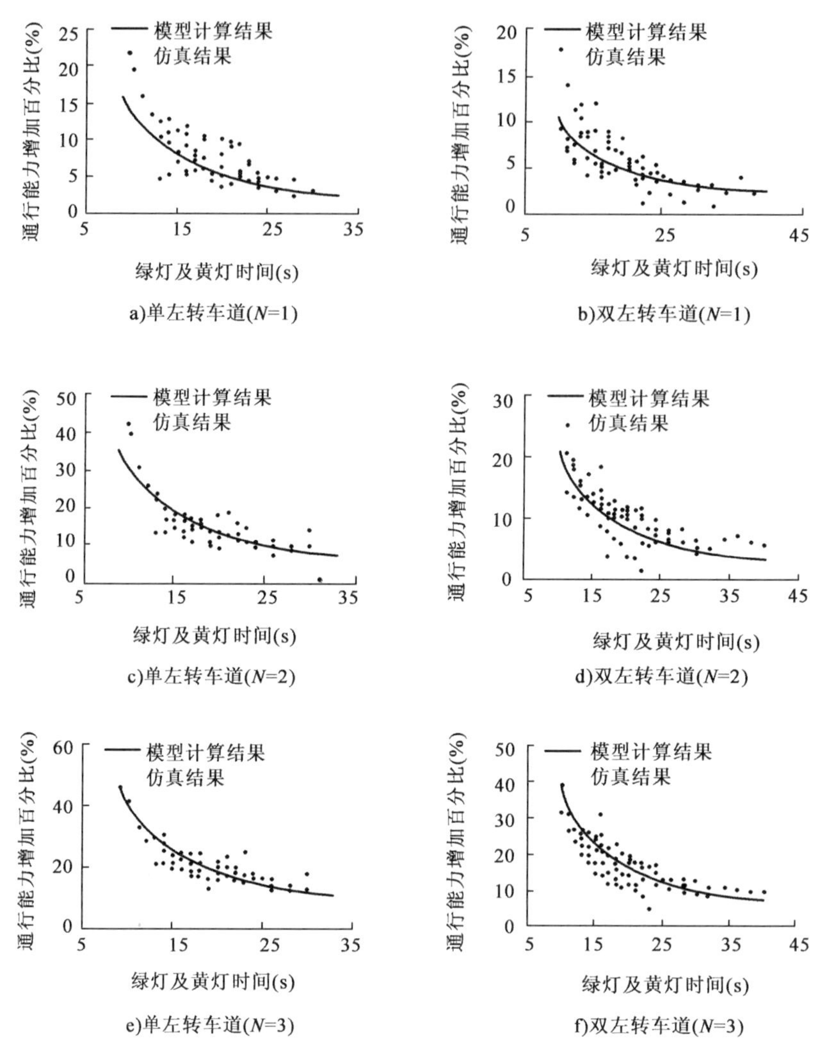

图 5-13 各情况下左转专用进口道通行能力比较

图 5-13 为左转弯待转区设置对左转车流通行能力的影响,仿真结果进一步证明了模型计算结论,即:设置左转弯待转区可以显著提高左转专用进口道通行能力,通行能力增加幅度随着左转弯待转区车辆存储能力及左转车道饱和度的增大而增大,随着绿灯及黄灯时间的增大而减小。

以龙蟠中路—中山东路东进口和西进口左转车流为例,分析左转弯待转区的设置对于左转车流平均延误、尾气排放及燃油消耗的影响。交叉口信号周期为 160s,其中,东进口左转车道(E—S)为双左转车道,绿灯时间为 20s,西进口左转车道(W—N)为单左转车道,绿灯时间为 32s,饱和车头时距、启动损失、清空损失数据如表 5-2 ~ 表 5-4 所示。采用 VISSIM 仿真得到不同情况下左转车流平均延误、尾气排放和燃油消耗数据如图 5-14 ~ 图 5-17 所示。

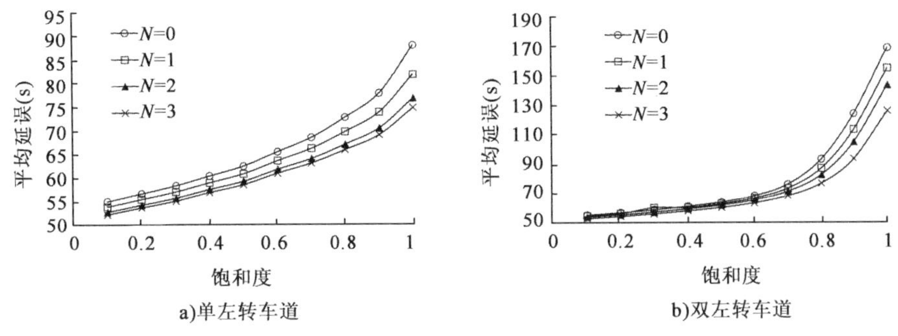

图 5-14 左转弯待转区设置对左转车流平均延误的影响

图 5-14 为左转弯待转区设置对左转车流平均延误的影响,仿真结果表明,设置左转弯待转区可以显著降低信号交叉口左转车流平均控制延误,延误降低幅度随着左转弯待转区车辆存储能力及左转车道饱和度的增大而增大。

2)尾气排放分析结果

图 5-15 ~ 图 5-16 为左转弯待转区设置对尾气排放的影响。由图可知,对于单左转车道与双左转车道,设置左转弯待转区后,CO 排放量、NO_x 排放量与 VOC 排放量均增大。由此,设置左转弯待转区会对交通环境产生负面影响,其影响程度随着左转车流饱和程度的增大而增大,但与左转弯待转区车辆存储能力不相关。

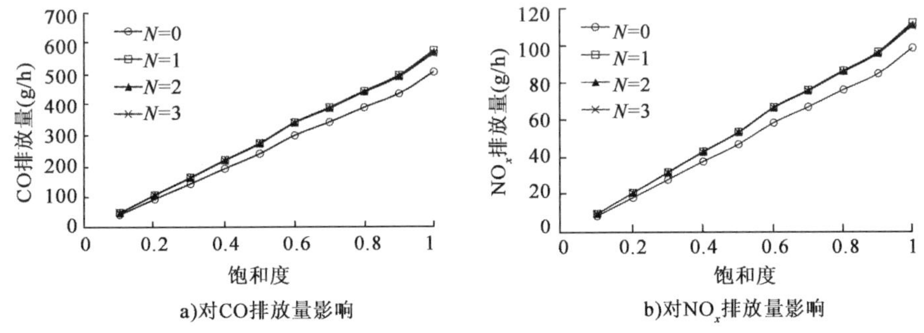

图 5-15

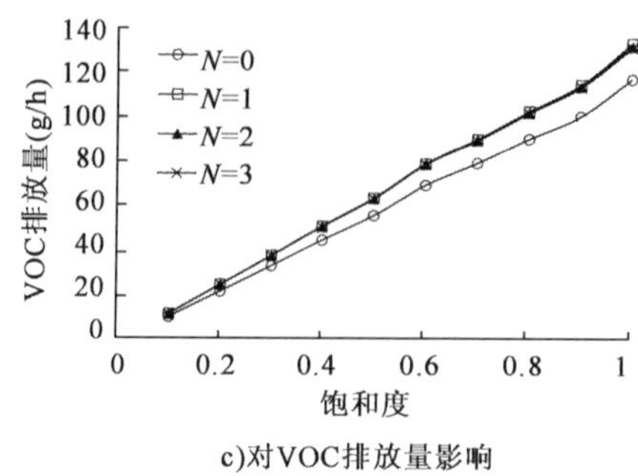

c)对VOC排放量影响

图5-15 左转弯待转区设置对尾气排放的影响(单左转车道)

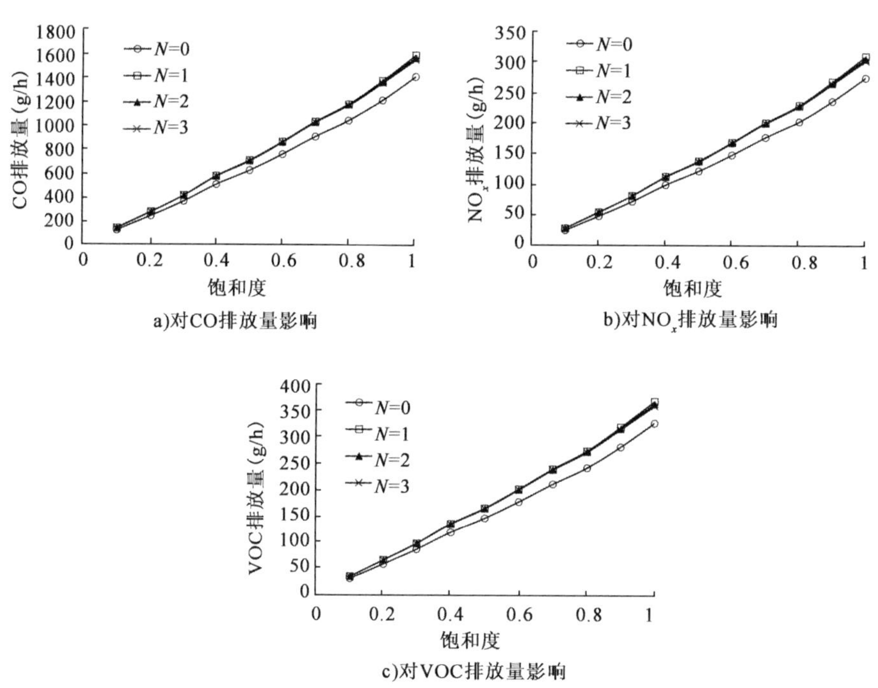

a)对CO排放量影响

b)对NO_x排放量影响

c)对VOC排放量影响

图5-16 左转弯待转区设置对尾气排放的影响(双左转车道)

3)燃油消耗分析结果

图5-17为左转弯待转区设置对燃油消耗的影响,与该设计方式对尾气排放的影响相类似,设置左转弯待转区会对能耗产生负面影响,其影响程度随着左转车流饱和程度的增大而增大,但与左转弯待转区车辆存储能力不相关。

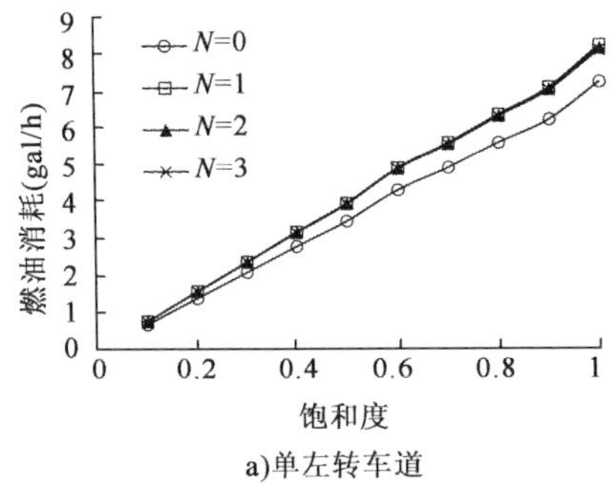

a)单左转车道

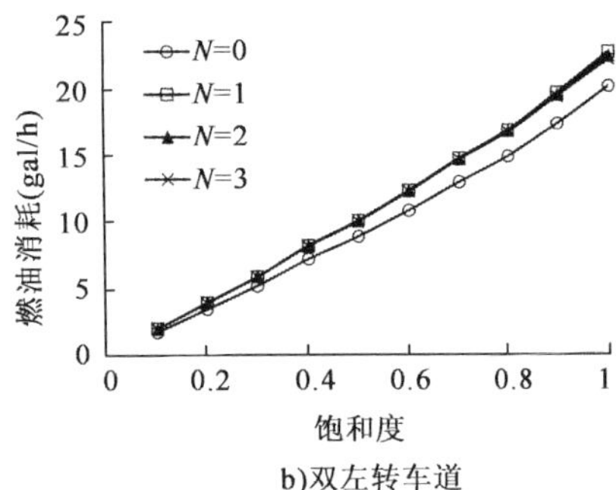

b)双左转车道

图 5-17 左转弯待转区设置对燃油消耗的影响

4)交通安全分析结果

图 5-18 和图 5-19 分别为单左转车道和双左转车道左转车流总冲突数变化情况,由图可得,设置左转弯待转区使得总冲突数增加,待转区存储能力越大,交通冲突数增加越多;此外,交通冲突增加量随着左转车流饱和程度的增加而增加。

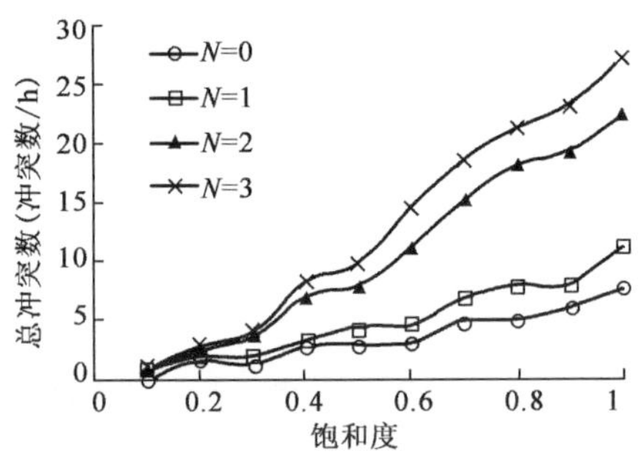

图 5-18 左转弯待转区设置对于单左转车道左转车流冲突数的影响

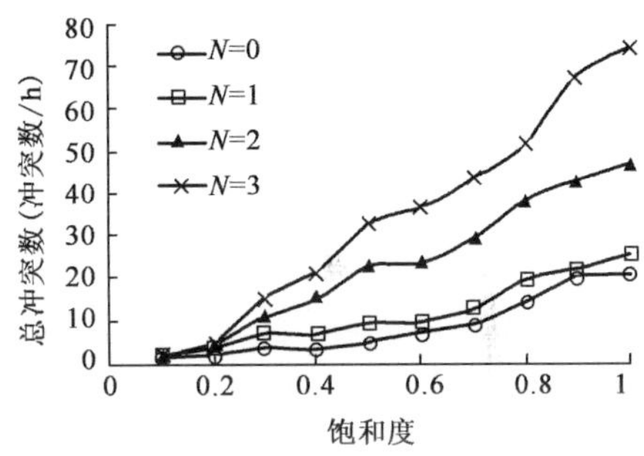

图 5-19 左转弯待转区设置对于双左转车道左转车流总冲突数的影响

图 5-20 为双左转车道分类型交通冲突变化情况。在所有冲突中,追尾冲突占绝大部分比例。由图可得,追尾冲突数变化情况与总冲突数类似,即设置左转弯待转区使得追尾冲突数增加,并且交通冲突增加量随着待转区存储能力和左转车流饱和程度的增加而增加。而对于变道冲突,随着饱和度增大,冲突数增加,但当饱和度接近于 1 时,冲突数呈下降趋势;此外,待转区存储能力对变道冲突数影响较小。

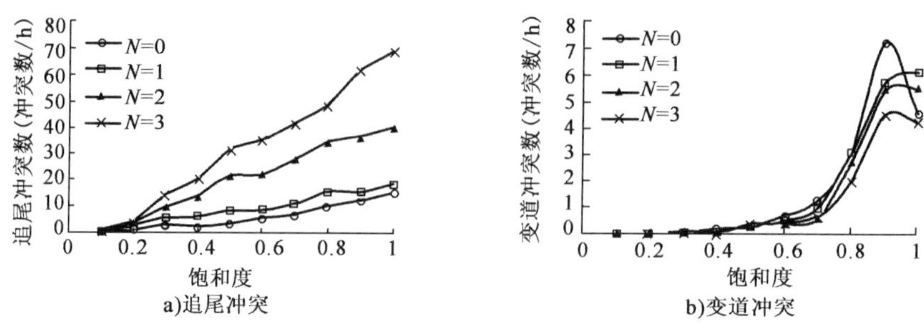

图 5-20 左转弯待转区设置对于双左转车道左转车流冲突数的影响

5)多目标综合评价分析结果

在综合评价指标体系中,运行效率评价指标为左转车流总延误,交通环境评价指标为左转车流尾气排放量,能源消耗评价指标为左转车辆油耗,交通安全评价指标为交通冲突数。为计算交通冲突经济损失价值,本节将冲突折算成事故频次,折算方法采用 Sayed 等提出的信号交叉口事故—冲突模型,具体参见 2.1.2 节。

考虑到出行时间节省价值、事故经济损失、尾气排放和燃油消耗等随时间发展的演变特性,分别计算生命周期内(设为 10 年)各组成部分经济折算值的变化趋势,各指标变化值为无左转弯待转区情况与设置左转弯待转区情况下的指标经济折算值之差。

图 5-21 ~ 图 5-24 分别为单左转车道左转弯待转区设置对于延误、尾气排放、油耗和交通安全的影响。如前文所述,左转弯待转区的设置会使得延误降低,尾气排放量、油耗和交通冲突频次增加,因而在各组成部分中,延误经济折算值变化为正,而尾气排放、燃油消耗及交通冲突经济折算值变化为负。各指标在生命周期内的演变趋势如图 5-21 ~ 图 5-24 所示。

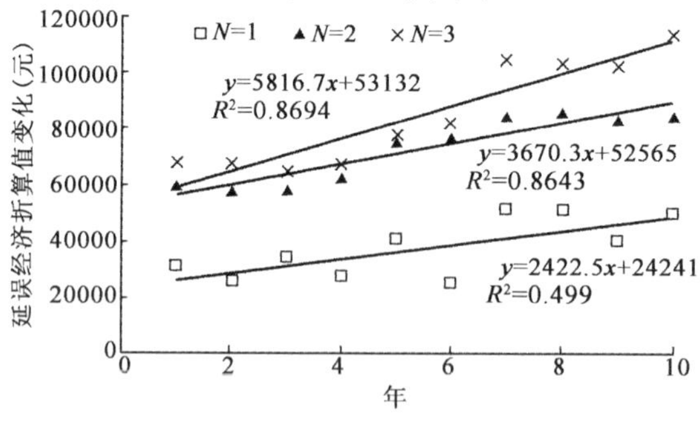

图 5-21 左转弯待转区设置对延误经济折算值的影响(单左转车道)

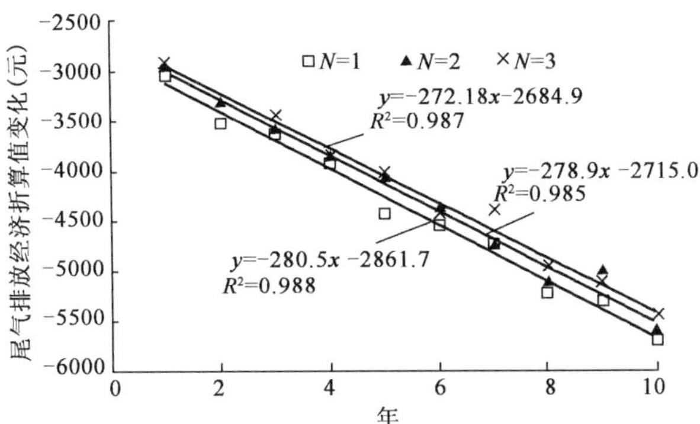

图 5-22 左转弯待转区设置对尾气排放经济折算值的影响(单左转车道)

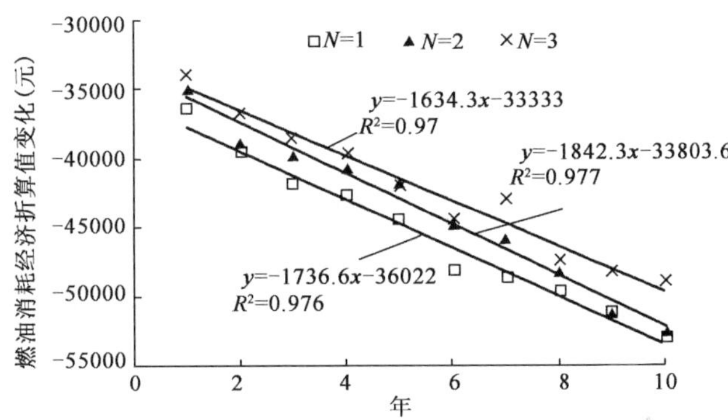

图 5-23 左转弯待转区设置对燃油消耗经济折算值的影响(单左转车道)

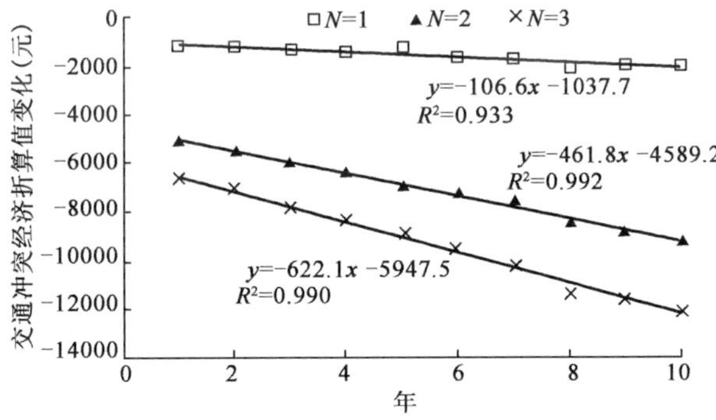

图 5-24 左转弯待转区设置对交通冲突经济折算值的影响(单左转车道)

对于双左转车道，左转车道左转弯待转区设置对于延误、尾气排放、燃油消耗和交通安全的影响情况与单左转车道类似，如图 5-25 ~ 图 5-28 所示。

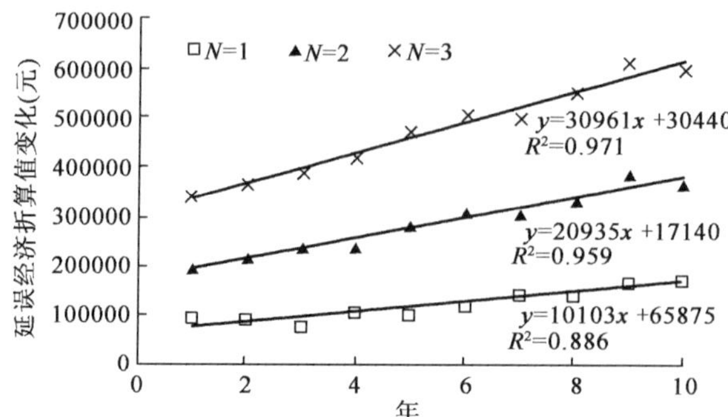

图 5-25　左转弯待转区设置对延误经济折算值的影响(双左转车道)

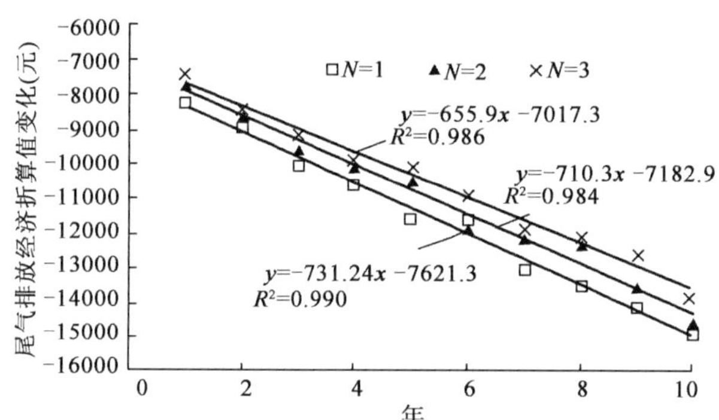

图 5-26　左转弯待转区设置对尾气排放经济折算值的影响(双左转车道)

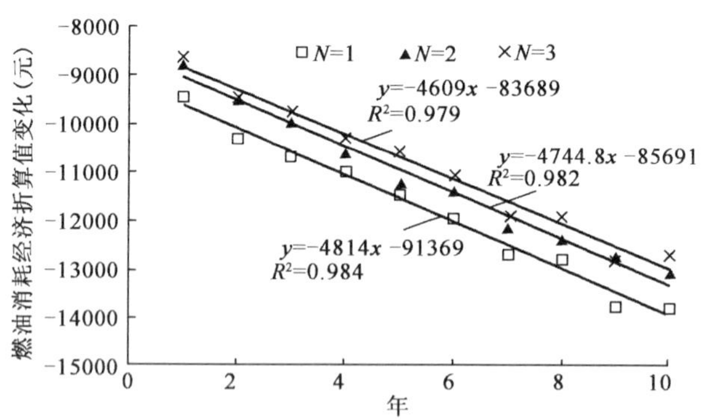

图 5-27　左转弯待转区设置对燃油消耗经济折算值的影响(双左转车道)

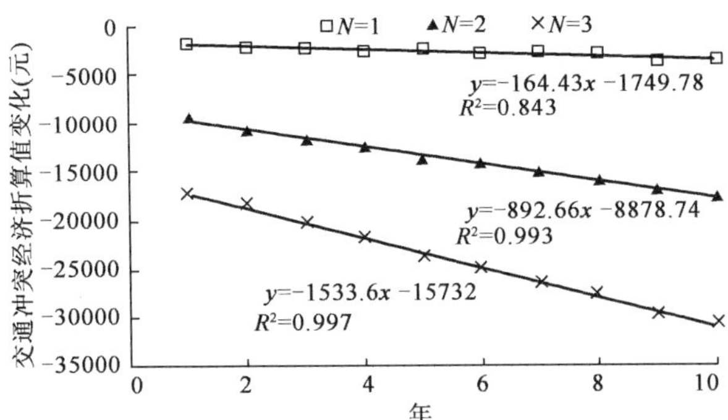

图 5-28 左转弯待转区设置对交通冲突经济折算值的影响(双左转车道)

采用蒙特卡洛仿真方法进行左转弯待转区设计方案的经济效益评价,得到设计方案净现值及其分布形式,结果如图 5-29 和图 5-30 所示。

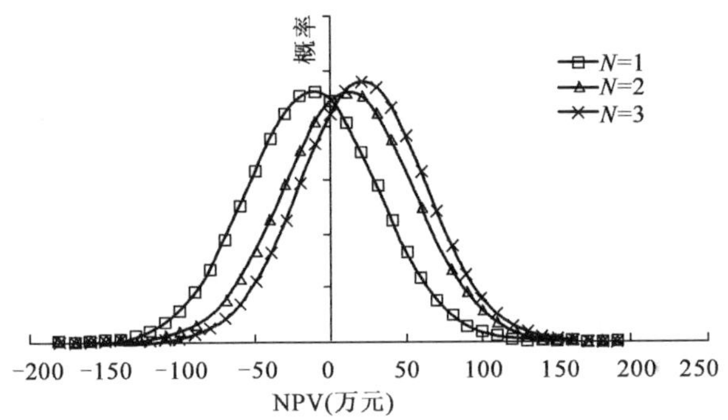

图 5-29 单左转车道 NPV 分布

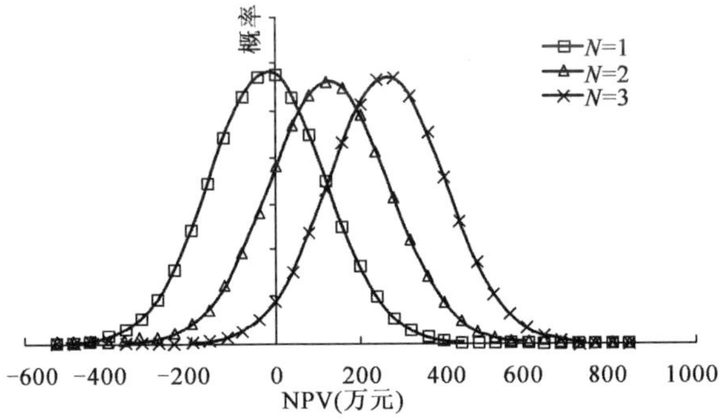

图 5-30 双左转车道 NPV 分布

根据计算结果，对于单左转车道及双左转车道，当待转区可存储车辆数为1时，NPV均值为负，而当待转区可存储车辆数大于1时，NPV均值为正，并且NPV值均随待转区存储能力的增大而增大。该结论表明，待转区存储能力越大，设置左转弯待转区的效益越显著。

5.2 案例二：无信号交叉口交通设计改善措施方案比选

本节在第4章案例基础上讨论如何利用蒙特卡洛仿真法在选择的三种典型的交通改善设计方式之间进行方案比选。三种设计方式包括：将次路停车控制变为次路让行控制（CM 1：TWSC-YC）、次路停车控制变为四路停车控制（CM 2：TWSC-AWSC）以及次路停车控制变为环形交叉口（CM 3：TWSC-RA）。第四章详细分析了不同的主次路流量情况下的各指标评价结果，其中交叉口主路AADT变化范围为700～15100veh/d，次路AADT变化范围为700～5650veh/d，主路及次路左转交通流量比例及右转交通流量比例均假设为20%。各设计方案评价指标计算结果如表5-6所示。

各改善措施评价指标计算值 表5-6

评价方面	评价指标	CM1	CM2	CM3
运行效率	交叉口总延误(h/d)	-83.65～28.92	-21.36～112.37	-151.51～-13.04
交通环境	尾气排放当量值	-2312.11～3085.15	1050.45～6994.38	-4288.52～612.82
能源消耗	燃油消耗(gal/d)	-106.92～-12.72	48.60～222.12	-213.60～38.52
交通安全	事故修正系数(所有事故)	(2.27,1.26)	(0.34,0.018)	(0.60,0.034)
	事故修正系数(死伤事故)	—	(0.26,0.017)	(0.18,0.027)
实施成本	安装费用(元)	3463～7164	3818～8802	500000～800000
	年维护费用(元)	65～266	420～1904	20000～50000

5.2.1 评价方案净现值

采用蒙特卡洛仿真方法进行设计方案经济效益评价，输入参数如表5-7所示。

蒙特卡洛法输入参数 表5-7

<table>
<tr><th>参数类别</th><th colspan="2">输入参数</th><th>参数分布类型</th><th>参数值</th></tr>
<tr><td>运行效率</td><td colspan="2">出行时间节省社会价值(元/h)</td><td>Normal (avg, std)</td><td>Normal(28.36, 3.83)</td></tr>
<tr><td rowspan="3">交通环境</td><td rowspan="3">环境污染成本(元/当量)</td><td>一氧化碳 (CO)</td><td>Constant</td><td>0.6</td></tr>
<tr><td>氮氧化合物 (NO_x)</td><td>Constant</td><td>0.6</td></tr>
<tr><td>挥发性有机化合物(VOC)</td><td>Constant</td><td>0.6</td></tr>
<tr><td>能源消耗</td><td colspan="2">燃油价格(元/L)</td><td>Uniform (min, max)</td><td>Uniform (6.98, 8.07)</td></tr>
<tr><td rowspan="2">交通安全</td><td rowspan="2">事故损失社会价值(万元/起事故)</td><td>死伤事故(FI)</td><td>Normal (avg, std)</td><td>Normal(23.79, 7.75)</td></tr>
<tr><td>财产损失事故(PDO)</td><td>Normal (avg, std)</td><td>Normal(0.14, 0.04)</td></tr>
<tr><td rowspan="2">交通安全</td><td rowspan="2">事故修正系数(CMF)</td><td>死伤事故(FI)</td><td>Normal (avg, std)</td><td>CM 1: Normal(2.27,1.26)
CM 2: Normal(0.34,0.018)
CM 3: Normal(0.6,0.034)</td></tr>
<tr><td>财产损失事故(PDO)</td><td>Normal (avg, std)</td><td>CM 1: Normal(2.27,1.26)
CM 2: Normal(0.26,0.017)
CM 3: Normal(0.18,0.027)</td></tr>
<tr><td rowspan="2">实施成本</td><td colspan="2">设施安装成本(元)</td><td>Uniform (min, max)</td><td>CM 1: Uniform (3463, 7164)
CM 2: Uniform (3818, 8802)
CM 3: Uniform (500000, 800000)</td></tr>
<tr><td colspan="2">年维护费用(元)</td><td>Uniform (min, max)</td><td>CM 1: Uniform (65, 266)
CM 2: Uniform (420, 1904)
CM 3: Uniform (20000, 50000)</td></tr>
<tr><td rowspan="2">其他</td><td colspan="2">利率(%)</td><td>Triang (min, most likely, max)</td><td>Triang (0.03, 0.04, 0.05)</td></tr>
<tr><td colspan="2">生命周期(年)</td><td>Constant</td><td>20</td></tr>
</table>

采用净现值(NPV)作为经济有效性评价指标,利用Excel加载项进行蒙特卡洛仿真求解,得到各设计方案生命周期内的等价净现值,结果如图5-31所示。

根据计算结果,对于CM 1 (TWSC-YC),随着主路AADT的增大,NPV值先减小后增大,其变化幅度较为平缓;与此同时,NPV值随着次路AADT的增大而增大。对于CM 2 (TWSC-AWSC),NPV值随主路AADT的增大而减小,随次路AADT的增大而增大,其中主路AADT对于NPV的影响更为显著;对于CM 3 (TWSC-RA),NPV值随主路或次路AADT的增大而增大,当主路或次路AADT

较低时,NPV 变化较为平缓,当主路 AADT 高于 10000veh/d 或次路 AADT 高于 4000veh/d 时,NPV 变化相对更为显著。

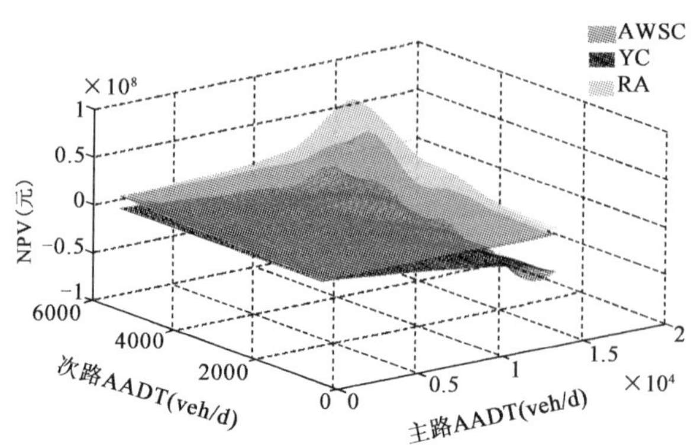

图 5-31 各改善措施 NPV 平均值

将三种设计方式的 NPV 平均值相比较可得,当主路 AADT 低于 2000veh/d 时,采用 CM 1 (TWSC-YC)设计方式的 NPV 值最高,其次为 CM 3 (TWSC-RA)和 CM 2 (TWSC-AWSC);而当主路 AADT 高于 2000veh/d 时,采用 CM 3 (TWSC-RA)设计方式的 NPV 值最高,其次为 CM 1 (TWSC-YC)和 CM 2 (TWSC-AWSC)。

采用蒙特卡洛仿真法不仅可以得到评价结果的均值,同时可以得到评价结果的分布形式。图 5-32 为各设计方案在不同主次路流量情况下的 NPV 分布图。

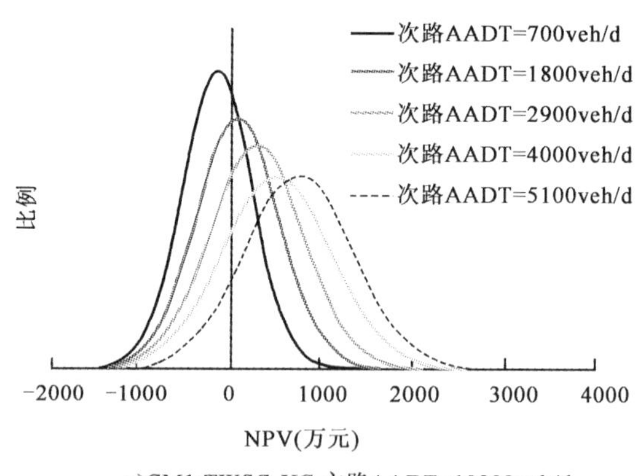

a)CM1:TWSC-YC,主路AADT=10300veh/d

图 5-32

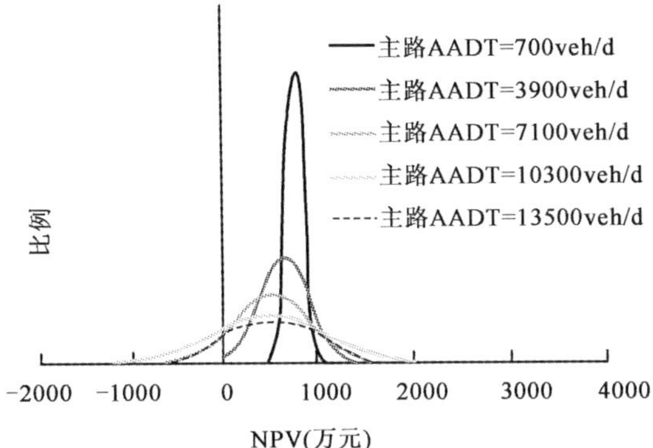

b)CM1:TWSC-YC次路AADT=4000veh/d

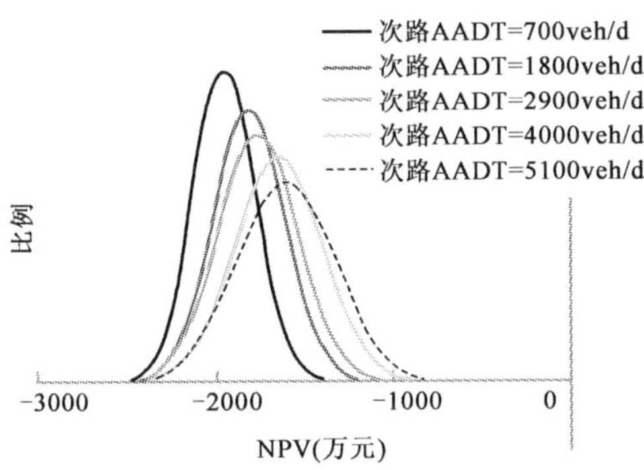

c)CM2:TWSC-AWSC,主路AADT=10300veh/d

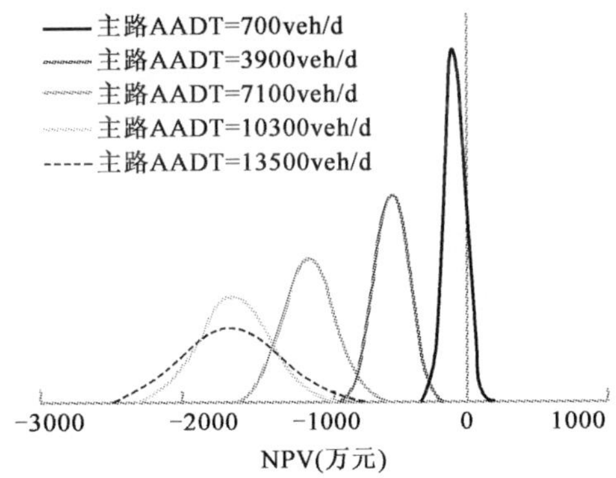

d)CM2:TWSC-AWSC,次路AADT=4000veh/d

图 5-32

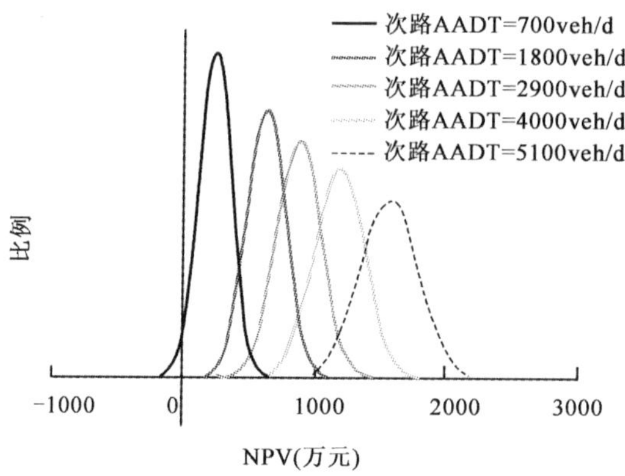

e)CM3:TWSC-RA,主路AADT=10300veh/d

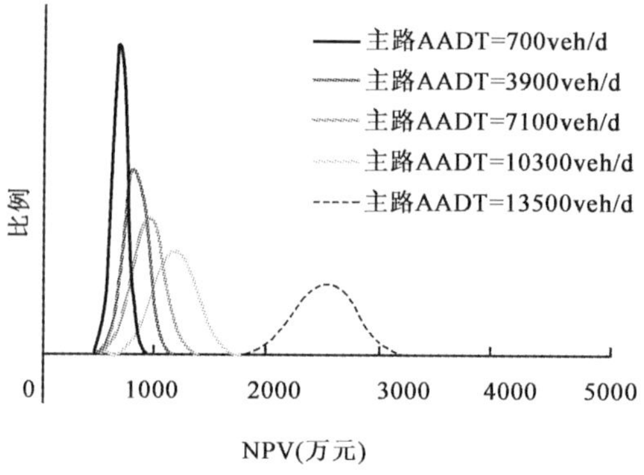

f)CM3:TWSC-RA,次路AADT=4000veh/d

图 5-32 主路流量对 NPV 的影响

5.2.2 净现值组成部分

为进一步分析效率、环境、能耗、安全等各组成部分对于 NPV 的影响，针对每种设计方式分别计算不同交通流量条件下各指标 NPV 值，结果如图 5-33 ~ 图 5-35 所示。

如图 5-33 所示，CM1(TWSC-YC)作为一种运行效率改善措施，使得交叉口总延误、尾气排放以及燃油消耗均降低，故而效率、环境及能耗评价指标对应 NPV 值为正，各 NPV 值随主路或次路 AADT 增大而增大，其中次路 AADT 对 NPV 影响相对更为显著；当主路或次路 AADT 较小时，NPV 上升相对平缓，而当主流 AADT 大于 10000veh/d 或次路 AADT 大于 4000veh/d 时，NPV 上升较为显著。

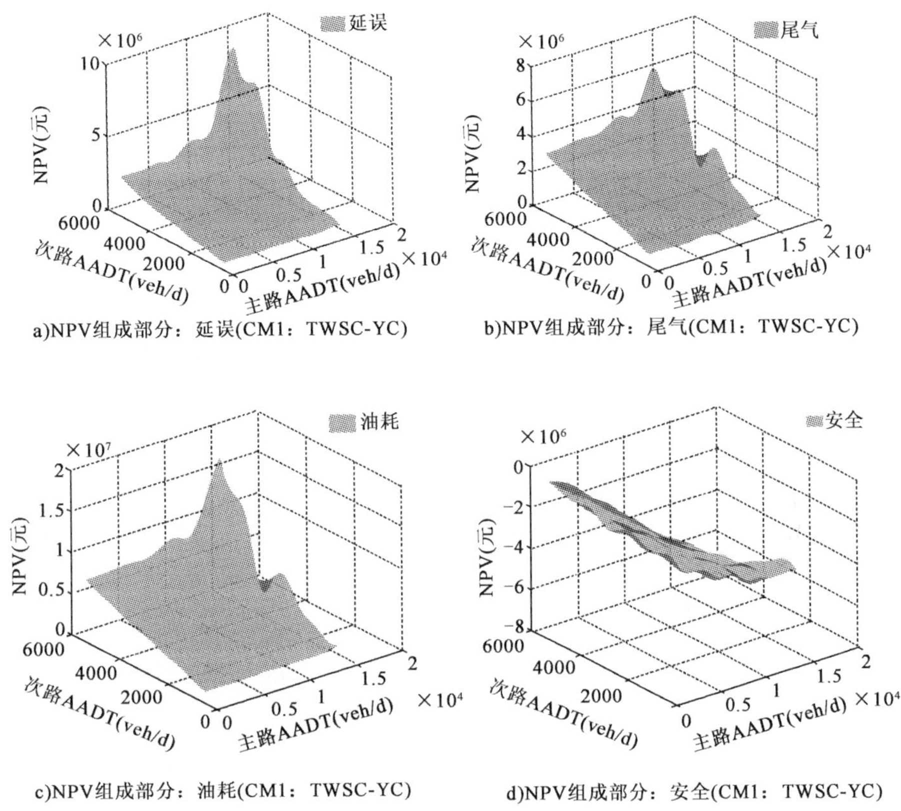

a)NPV组成部分：延误(CM1：TWSC-YC)

b)NPV组成部分：尾气(CM1：TWSC-YC)

c)NPV组成部分：油耗(CM1：TWSC-YC)

d)NPV组成部分：安全(CM1：TWSC-YC)

图 5-33　CM 1 对应 NPV 值各组成部分

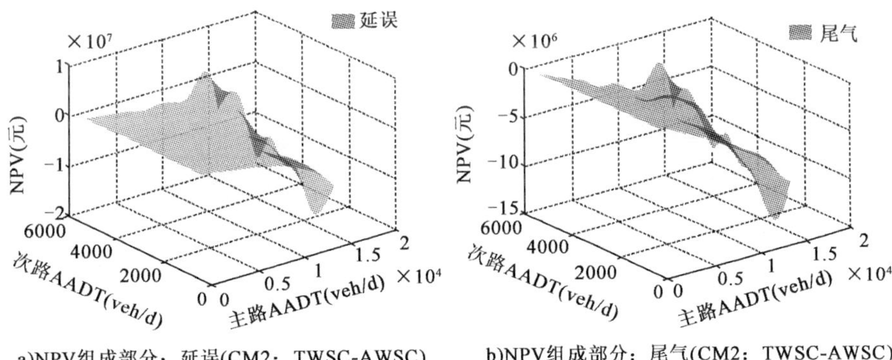

a)NPV组成部分：延误(CM2：TWSC-AWSC)

b)NPV组成部分：尾气(CM2：TWSC-AWSC)

图　5-34

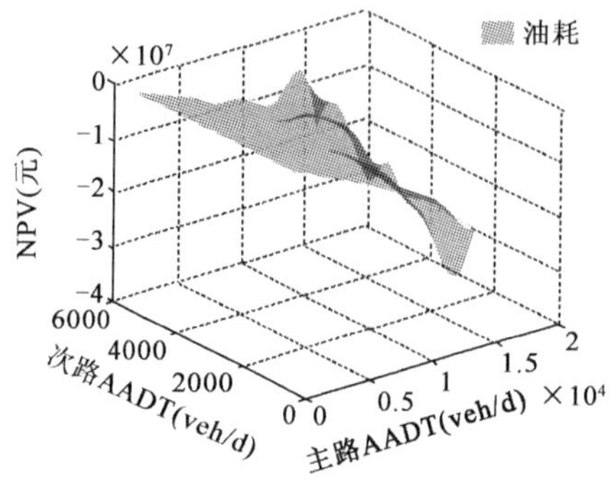

c)NPV组成部分：油耗(CM2：TWSC-AWSC)

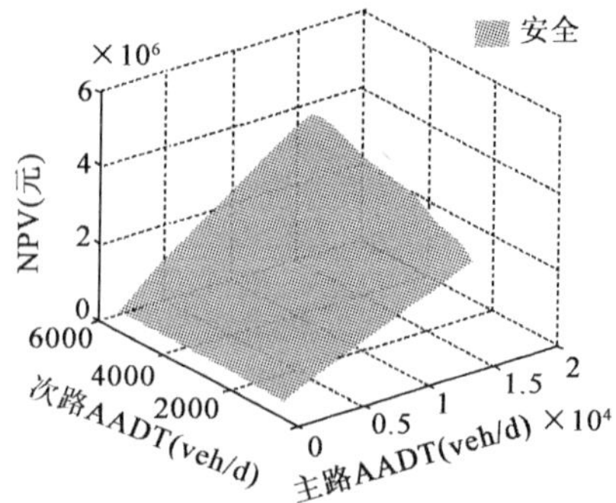

d)NPV组成部分：安全(CM2：TWSC-AWSC)

图 5-34　CM2 对应 NPV 各组成部分

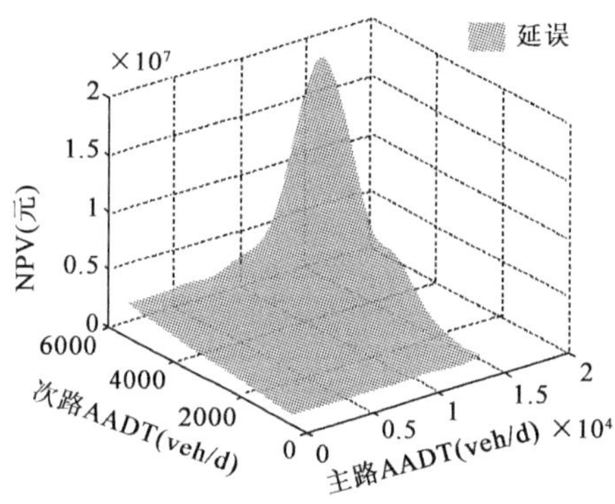

a)NPV组成部分：延误(CM3：TWSC-RA)

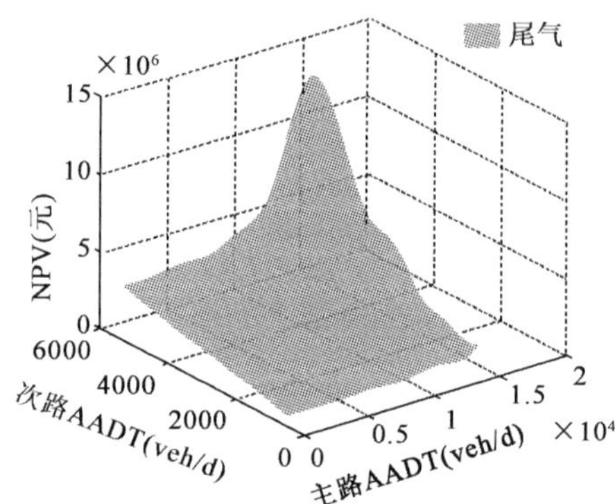

b)NPV组成部分：尾气(CM3：TWSC-RA)

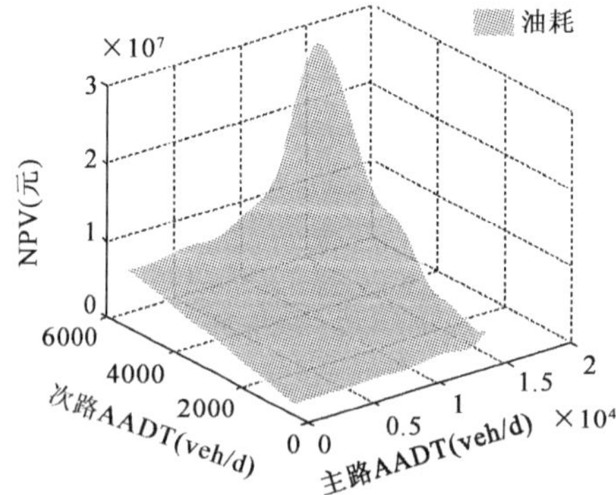

c)NPV组成部分：油耗(CM3：TWSC-RA)

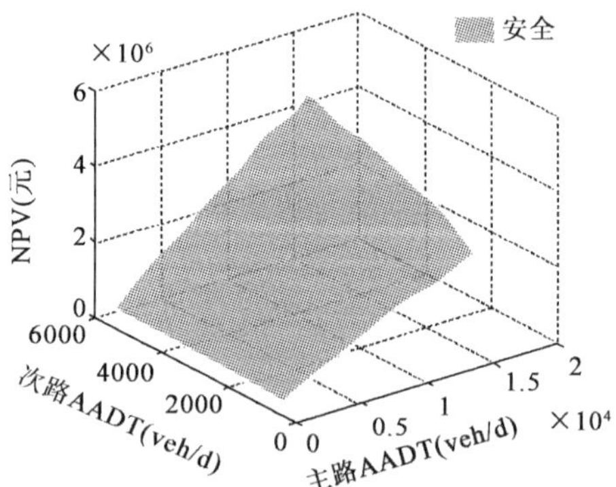

d)NPV组成部分：安全(CM3：TWSC-RA)

图 5-35　CM3 对应 NPV 各组成部分

另一方面,CM1(TWSC-YC)对交通安全存在负面影响,在所有流量条件下,安全评价指标NPV值均为负,并且方案净现值随着主路AADT及次路AADT的增大而减小。

图5-34为CM2(TWSC-AWSC)对应NPV各组成部分。如图所示,CM2(TWSC-AWSC)作为一种交通安全改善措施,在很大程度上能够提升交通安全性能,在所有流量条件下,安全评价指标NPV值均为正,并且NPV随着主路或者次路AADT的增大而减小。另一方面,CM2(TWSC-AWSC)对交通效率及环境存在负面影响,交叉口总延误、尾气排放以及燃油消耗对应NPV在大部分交通流量条件下为负,并且延误、尾气及油耗NPV均随主路AADT增大而减小,随次路AADT增大而略微增大。流量较大时,NPV变化幅度更为显著。

图5-35为CM3(TWSC-RA)对应NPV各组成部分。CM3(TWSC-RA)作为一种交通宁静化措施,它对运行效率、交通环境、能源消耗以及交通安全的改善效果均非常显著,延误、尾气、油耗及安全对应NPV在所有流量条件下均为正,并且各NPV值随主路或次路AADT增大而增大。

在各评价指标中,延误、尾气和油耗相应NPV在主路或次路AADT较小时,NPV上升相对平缓,而当主流AADT大于10000veh/d或次路AADT大于4000veh/d时,NPV上升非常显著。而安全指标对应NPV随次路AADT变化相对较小,随主路AADT变化更为显著。

5.3 本章小结

本章依托典型案例对上一章提出的交通设计多目标综合评价方法进行进一步阐述。

案例一为信号交叉口左转弯待转区设计综合评价,在选择的评价指标中,运行效率评价指标为左转车流总延误,交通环境评价指标为左转车流尾气排放量,能源消耗评价指标为左转车辆油耗,交通安全评价指标为交通冲突数。通过分析左转车流到达—消散特性,建立左转车流通行能力及延误模型,采用VISSIM仿真软件对模型结果进行验证,进而得到不同饱和程度下尾气排放、燃油消耗值;交通冲突通过SSAM仿真获得,将冲突折算成事故频次,从而计算交通冲突经济损失价值。通过比较无左转弯待转区情况与设置左转弯待转区情况下的指标经济折算值之差,得到设置左转弯待转区的效益。根据出行时间节省价值和事故经济损失统计价值变化趋势计算得到各指标在生命周期内的演变趋势。采用蒙特卡洛仿真方法进行左转弯待转区设计方案的经济效益评价,得到设置左转弯待转区的净现值及其分布形式。

案例二为无信号交叉口交通设计改善措施方案比选,各方案效率、环境、能耗评价指标值均通过 VISSIM 仿真获得,交通安全评价指标通过荟萃分析法获得,本章比较了三种设计方式的 NPV 平均值及分布形式。通过敏感性分析得到交叉口主次路流量对于 NPV 分布的影响,同时得到 NPV 中效率、环境、能耗、安全各组成部分效益值。

附录A 居民出行时间意向调查

第一部分:个人背景信息

1. 您的性别?

○男　○女

2. 您的年龄?

○20 岁以下　○20 ~ 29 岁　○30 ~ 39 岁　○40 ~ 49 岁　○50 ~ 59 岁　○60 岁以上

3. 家庭成员数?

○1 人　○2 人　○3 人　○4 人　○5 人　○6 人　○7 人及以上

4. 您的家庭年均收入是?

○2 万元以下　○2 万 ~ 5 万元　○5 万 ~ 10 万元　○10 万 ~ 20 万元　○20 万元以上

5. 您的个人月收入是?

○3500 元以下　○3500 ~ 5000 元　○5000 ~ 8000 元　○8000 ~ 12500 元　○12500 ~ 38500 元　○38500 ~ 58500 元　○58500 ~ 83500 元　○83500 元以上

6. 您的学历?

○初中及以下　○高中　○大专　○本科　○硕士及以上

7. 您的职业?

○国家机关、党群组织、企事业单位工作人员　○商业、服务业雇主　○商业、服务业雇员　○专业技术人员　○学生　○退休人员　○无业　○其他

8. 请问您来自哪个城市？（如江苏南京）____________

第二部分：出行信息调研

9. 您最近一次市内出行（超过 10 分钟）的出行目的是？

○工作/商务/上学　　○购物休闲

10. 您最近一次市内出行（超过 10 分钟）的出行距离是？

○1 公里以内　○1 ~5 公里　○5 ~10 公里　○10 ~20 公里

○20 公里以上

11. 您最近一次市内出行（超过 10 分钟）采用的交通方式是？

○私家车　○公交车　○地铁　○出租车　○电动自行车　○自行车

○步行

12. 您最近一次市内出行（超过 10 分钟）单程耗费________分钟？

13. 您最近一次市内出行（超过 10 分钟）单程耗费__________元？

14. 您出行途中是否从事其他活动（如工作、看书、听音乐、看电影等）？

○有　○无

第三部分：出行路径选择

以下内容是在您最近一次市内出行信息基础上所做的情境假设。假设您的出行目的及所使用的交通方式不变，若有一条新的路径可以降低您的出行时间，但需增加一定的费用，请根据以下情境做出选择。

原路径

居住地 —时间 费用→ 工作地

新路径

居住地 —可缩短一定时间 需支付一定费用→ 工作地

15. 若新路径能比原路径减少 5 分钟出行时间，但费用增加 2 元，您会选择________？

A. 一定选原路径　　B. 倾向选原路径　　C. 不确定

D. 倾向选新路径　　E. 一定选新路径

16. 若新路径能比原路径减少 5 分钟出行时间，但费用增加 5 元，您会选择________？

A. 一定选原路径　　B. 倾向选原路径　　C. 不确定

D. 倾向选新路径　　E. 一定选新路径

17. 若新路径能比原路径减少 5 分钟出行时间,但费用增加 15 元,您会选择________?

A. 一定选原路径　　B. 倾向选原路径　　C. 不确定

D. 倾向选新路径　　E. 一定选新路径

---

18. 若新路径能比原路径减少 15 分钟出行时间,但费用要增加 5 元,您会选择________?

A. 一定选原路径　　B. 倾向选原路径　　C. 不确定

D. 倾向选新路径　　E. 一定选新路径

19. 若新路径能比原路径减少 15 分钟出行时间,但费用要增加 10 元,您会选择________?

A. 一定选原路径　　B. 倾向选原路径　　C. 不确定

D. 倾向选新路径　　E. 一定选新路径

20. 若使用新路径能比原路径缩短 15 分钟出行时间,但费用要增加 20 元,您会选择________?

A. 一定选原路径　　B. 倾向选原路径　　C. 不确定

D. 倾向选新路径　　E. 一定选新路径

---

21. 若新路径能比原路径缩短 30 分钟出行时间,但费用要增加 5 元,您会选择________?

A. 一定选原路径　　B. 倾向选原路径　　C. 不确定

D. 倾向选新路径　　E. 一定选新路径

22. 若新路径能比原路径缩短 30 分钟出行时间,但费用要增加 15 元,您会选择________?

A. 一定选原路径　　B. 倾向选原路径　　C. 不确定

D. 倾向选新路径　　E. 一定选新路径

23. 若新路径能比原路径缩短 30 分钟出行时间,但费用要增加 30 元,您会选择________?

A. 一定选原路径　　B. 倾向选原路径　　C. 不确定

D. 倾向选新路径　　E. 一定选新路径

附录B 居民出行安全意向调查

第一部分:个人背景信息

1. 您的性别?

○男 ○女

2. 您的年龄?

○20 岁以下 ○20 ~29 岁 ○30 ~39 岁 ○40 ~49 岁 ○50 ~59 岁 ○60 岁以上

3. 您的个人月收入是?

○3500 元以下 ○3500 ~5000 元 ○5000 ~8000 元 ○8000 ~12500 元 ○12500 ~38500 元 ○38500 ~58500 元 ○58500 ~83500 元 ○83500 元以上

4. 您的学历?

○初中及以下 ○高中 ○大专 ○本科 ○硕士及以上

5. 您的职业?

○国家机关、党群组织、企事业单位工作人员 ○商业、服务业雇主 ○商业、服务业雇员 ○专业技术人员 ○学生 ○退休人员 ○无业 ○其他

6. 请问您来自哪个城市?(如江苏南京)____________

第二部分:安全驾驶行为调研

7. 您的驾龄?

○1 年以内 ○1 ~5 年 ○5 年以上 ○还未获得驾照

8. 您是否有过闯红灯行为?

○有　　　　○没有

9. 您是否有过酒驾经历?

○有　　　　○没有

10. 您是否佩戴安全带?

○几乎都带　○不带或偶尔带

第三部分:基于出行安全路径选择

根据《道路交通统计年鉴》,南京2012年发生道路交通事故1194起,造成1615人死亡及重伤,十万人口事故率为十万分之十五(15/100000)。假设每个人遇到交通事故的概率是均等的,并且您也是南京道路使用者,请根据以下情境做出选择。

假设现有一种交通安全改善措施,可以将十万人口事故率降低至十万分之十(10/100000),但需要每人每年支付一定费用。

改善前(免费)

- 死伤事故数：1194起(十万人口事故率为十万分之十五(15/100000)
- 死伤人数：1615人
- 收费：0

改善后(收费)

- 死伤事故数：796起(十万人口事故率降低至十万分之十(10/100000)
- 死伤人数：1077人
- 收费：10元/年，50元/年，100元/年，200元/年

11. 若您所支付的费用用于公共设施建设及维护(如道路养护),您是否愿意每年支付10元以改善出行安全状况?

A. 愿意　　　　B. 不确定　　　　C. 不愿意

12. 若您所支付的费用用于个人出行设施改善(如车辆性能检测),您是否愿意每年支付10元以改善出行安全状况?

A. 愿意　　　　B. 不确定　　　　C. 不愿意

13. 若您所支付的费用用于公共设施建设及维护(如道路养护),您是否愿意每年支付50元以改善出行安全状况?

A. 愿意　　　　B. 不确定　　　　C. 不愿意

14. 若您所支付的费用用于个人出行设施改善(如车辆性能检测),您是否愿意每年支付50元以改善出行安全状况?

A. 愿意　　　　B. 不确定　　　　C. 不愿意

15. 若您所支付的费用用于公共设施建设及维护(如道路养护),您是否愿意每年支付100元以改善出行安全状况?

A. 愿意　　B. 不确定　　C. 不愿意

16. 若您所支付的费用用于个人出行设施改善(如车辆性能检测),您是否愿意每年支付100元以改善出行安全状况?

A. 愿意　　B. 不确定　　C. 不愿意

17. 若您所支付的费用用于公共设施建设及维护(如道路养护),您是否愿意每年支付200元以改善出行安全状况?

A. 愿意　　B. 不确定　　C. 不愿意

18. 若您所支付的费用用于个人出行设施改善(如车辆性能检测),您是否愿意每年支付200元以改善出行安全状况?

A. 愿意　　B. 不确定　　C. 不愿意

如果交通安全改善措施能将十万人口事故率降低至十万分之五(5/100000),但需要每人每年支付一定费用。

改善前(免费)	改善后(收费)
• 死伤事故数：1194起(十万人口事故率为十万分之十五(15/100000) • 死伤人数：1615人 • 收费：0	• 死伤事故数：398起(十万人口事故率降低至十万分之五(5/100000) • 死伤人数：538人 • 收费：10元/年，50元/年，100元/年，200元/年

19. 若您所支付的费用用于公共设施建设及维护(如道路养护),您是否愿意每年支付10元以改善出行安全状况?

A. 愿意　　B. 不确定　　C. 不愿意

20. 若您所支付的费用用于个人出行设施改善(如车辆性能检测),您是否愿意每年支付10元以改善出行安全状况?

A. 愿意　　B. 不确定　　C. 不愿意

21. 若您所支付的费用用于公共设施建设及维护(如道路养护),您是否愿意每年支付50元以改善出行安全状况?

A. 愿意　　B. 不确定　　C. 不愿意

22. 若您所支付的费用用于个人出行设施改善(如车辆性能检测),您是否愿意每年支付50元以改善出行安全状况?

A. 愿意　　B. 不确定　　C. 不愿意

23. 若您所支付的费用用于公共设施建设及维护(如道路养护),您是否愿意每年支付100元以改善出行安全状况?

A. 愿意　　B. 不确定　　C. 不愿意

24. 若您所支付的费用用于个人出行设施改善(如车辆性能检测),您是否愿意每年支付100元以改善出行安全状况?

A. 愿意　　B. 不确定　　C. 不愿意

25. 若您所支付的费用用于公共设施建设及维护(如道路养护),您是否愿意每年支付200元以改善出行安全状况?

A. 愿意　　B. 不确定　　C. 不愿意

26. 若您所支付的费用用于个人出行设施改善(如车辆性能检测),您是否愿意每年支付200元以改善出行安全状况?

A. 愿意　　B. 不确定　　C. 不愿意

参 考 文 献

[1] 杨晓光.城市交通设计指南[M].北京:人民交通出版社,2003.

[2] 杨晓光,白玉,马万经,等.交通设计[M].北京:人民交通出版社,2010.

[3] 郭忠印.道路安全工程[M].北京:人民交通出版社,2012.

[4] 陈宽民,严宝杰.道路通行能力分析[M].北京:人民交通出版社,2011.

[5] Webster. F. V, 1958. Traffic Signal Settings[J]. Road Research Laboratory Technical Paper No. 39, HMSO, London.

[6] TRB. Highway Capacity Manual[M]. National Research Council, Washington, D. C., 2010.

[7] Harders. J. Die Leistungsfähigkeit Nicht Signalgeregelter Städtischer Verkehrsknoten (The Capacity of Unsignalized Urban Intersections)[J]. Schriftenreihe Strassenbau und Strassenverkehrstechnik, 1968, Vol. 76.

[8] Harders. J. Grenz und Folgezeitlücken als Grundlage für die Leistungsfähigkeit von Landstrassen (Critical Gaps and Move-Up Times as the Basis of Capacity Calculations for Rural Roads) [J]. Schriftenreihe Strassenbau und Strassenverkehrstechnik, 1976, Vol. 216.

[9] Kyte M., Zegeer J., Lall K. Empirical Models for Estimating Capacity and Delay at Stop-Controlled Intersections in the United States. In: Intersections without Traffic Signals II (Ed.: W. Brilon) [M]. Springer Publications, Berlin, 1991.

[10] Miller A. S. The capacity of signalized intersections in Australia [R]. Australian Research Board bulletin 3, 1968.

[11] Akcelik R. The HCM delay formulas for signalized intersection[J]. Ite Journal, 1991.

[12] 邵长桥.平面信号交叉口延误分析[D].北京:北京工业大学,2002.

[13] 法规出版中心.中华人民共和国道路交通安全法[M].北京:法律出版社,2010.

[14] Hauer E. , Ng J. C. N. , Lovell J. Estimation of Safety at Signalized Intersections[J]. In Transportation Research Record 1185. Transportation Research Board, Washington, DC, 1988, 48-61.

[15] AASHTO. Highway Safety Manual[M]. American Association of State Highway and Transportation Officials, Washington, D. C. , 2010.

[16] Hauer E. Observational Before-After Studies in Road Safety[M]. Pergamon Press, Oxford, United Kingdom, 1997.

[17] Crash Modification Factors Clearing House. http://www.cmfclearinghouse.org, 2013-5-18.

[18] Hauer E. , Bonneson, J. Council F. ,et at. Crash Modification Factors Foundational Issues[J]. Transportation Research Record: Journal of the Transportation Research Board, No. 2279, Transportation Research Board of the National Academies, Washington, D. C. , 2012, 67-74.

[19] Glauz W. D. Expected Traffic Conflict Rate and Thdr Use in Prediction Accidents, Evaluation Method and Design and Operational Effects of Geometric [J]. TRR 1026,National Research Council,Washington,D. C. , 1985.

[20] Sayed T. , Zein S. Traffic conflict standards for intersections[J]. Transportation Planning and Technology, 1999, 22 (4), 309-323.

[21] Shahdah U. , Saccomanno F. , Persaud B. Developing a Crash – Conflict Model for Safety Performance Analysis and Estimation of Crash Modification Factors for Urban Signalized Intersections[J]. Transportation Research Board, 2014.

[22] Lu G. , Cheng B. , Kuzumaki S,et al. Relationship Between Road Traffic Accidents and Conflicts Recorded by Drive Recorders[J], Traffic Injury Prevention, 2011, 12 (4), 320-326.

[23] 程紫润,傅大放. 信号交叉口汽车尾气附加排放量分析[J]. 公路交通科技,1993(3), 67-71.

[24] PTV-Planung Transport Verkehr AG. User Manual VISSIM Version 5.40[M]. Karlsruhe, Germany, 2012.

[25] Gettman D. , Head L. Surrogate Measures of Safety from Traffic Simulation Models[R]. Report No. FHWA-RD-02-050. Federal Highway Administration

(FHWA): Washington, D. C., 2003.

[26] Gettman D., Head L. Surrogate Safety Assessment Model and Validation[R]. Report No. FHWA-HRT-08-051. Federal Highway Administration (FHWA): Washington, D. C., 2008.

[27] Dijkstra A., Marchesini P, et al. Are Calculated Conflicts in a Micro-Simulation Model Predicting the Number of Crashes? [J]. TRB, Washington, D. C., 2010.

[28] Cunto F., Saccomanno F.. Calibration and Validation of Simulated Vehicle Safety Performance at Signalized Intersections[J]. Accident Analysis and Prevention. Vol. 40, 1171-1179, 2008.

[29] Duong D., Saccomanno F., Hellinga B.. Calibration of Microscopic Traffic Model for Simulating Safety Performance[J]. Proceedings of the Annual Transportation Research Board Conference, Washington, D. C., January 2010.

[30] U. S. EPA. User's Guide to MOBILE 6. 1 and MOBILE 6. 2[M]. EPA Document Number: 420-R-02-010, 2003.

[31] California Air Resource Board. Overview of the EMFAC Emission Inventory Model, 2002.

[32] Geore S, Matthew B. Comprehensive Modal Emissions Model[M]. California: University of California, 2006.

[33] John K., Miteh C. Draft Design and Implementation Plan for EPA'S Multi-Scale Motor Vehicle and Equipment Emission System (MOVES)[Z]. Washington: US. EPA. 2002:2-6.

[34] NCHRP Report 320: Guidelines for Converting Stop to Yield Control at Intersections[R]. 1989.

[35] NCHRP Report 572: Applying Roundabouts in the United States[R]. 2007.

[36] The Safety Effect of Conversion to All-Way Stop Control[R]. 1986.

[37] Simpson C. L., Hummer J. E. Evaluation of the Conversion from Two-Way Stop Sign Control to All-Way Stop Sign Control at 53 Locations in North Carolina[J]. Journal of Transportation Safety & Security, 2010, 2:3, 239-260.

[38] 上海市市政工程预算定额[R]. 2000. http://de. yusuan. com/page_content.

asp? content =9

[39] 中华人民共和国国务院.排污费征收使用管理条例(国务院令字第369号)[S]. 2003.

[40] Hwang C. L., Yoon K. Multiple attribute decision making: Methods and applications: a state-of-the-art survey[J]. Springer-Verlag, Berlin and New York, 1981.

[41] 田凤调.综合指数与秩和比法初探[J].中国公共卫生学报,1988,7(4):233-235.

[42] Deng J. L. Control Problems of Grey Systems[J]. Systems & Control Letters 1982, 1(5), 288-294.

[43] Zadeh L. A. Fuzzy sets[J]. Information and Control, 1965, 8,338-353.

[44] Zeidenberg M. Neural Networks in Artificial Intelligence[M]. Ellis Horwood, 1990.

[45] Saaty T. L. Decision making for leaders: The analytical hierarchy process for decisions in a complex world[J]. Lifetime Learning Publications, 1982.

[46] Saaty T. L. How to make a decision: The analytic hierarchy process[J]. European Journal of Operational Research, 1999,48, 9-26.

[47] Saaty T. L., Vargas L. G. The Seven Pillars of the Analytic Hierarchy Process [J]. International Series in Operations Research & Management Science, 2001,34, 27-46.

[48] 杜栋,庞庆华.现代综合评价方法与案例精选[M].北京:清华大学出版社,2005.

[49] Mackie P. J., Jara-Diaz S., Fowkes A. S. The value of travel time savings in evaluation[J]. Transportation Research Part E, 2001, 37, 91-106.

[50] Jara-Diaz S., Galvez T., Vergara C. Social Valuation of Road Accident Reductions Using Subjective Perceptions[J]. Journal of Transport Economics and Policy, 2000, 32(2):214-232.

[51] Jara-Diaz S. R. Time and Income in Travel Choice: Towards a Microeconomic Activity-Based Theoretical Framewor, Theoretical Foundations of Travel Choice Modeling[M]. Elsevier, New York,1998.

[52] Andersson, H., Lindberg G. Benevolence and the value of road safety[J]. Accident Analysis and Prevention, 2009, 41, 285-293.

[53] Jones-Lee M. Safety and the savings of life. In: Layard, R., Glaister, S. (Eds.)[M]. Cost-Benefit Analysis. Cambridge University Press, Cambridge, 1994.

[54] Treatment of the Economic Value of a Statistical Life in Departmental Analyses Report [R]. 2008.

[55] 中华人民共和国国家标准. GB 5768.1—2009 道路交通标志和标线[S]. 北京:中国标准出版社, 2009, 11-12.

[56] Hung W. T., Tian F., Tong H. Y. Discharge Headway at Signalized Intersections in Hong Kong[J]. Journal of Advanced Transportation, 37(1): 104-117.

[57] Bonneson J. A. Study of Headway and Lost Time at Single-Point Urban Interchanges[J]. Transportation Research Record 1365, TRB, 1992, 30-39.

[58] Washington S., Karlaftis M., Mannering F. Statistical and Econometric Methods for Transportation Data Analysis[M]. Chapman& HALL/CRC, 2003.

[59] Kagolanu K., Szplett D. Saturation Flow Rates of Dual Left-Turn Lanes[C]. Proc. the Second International Symposium on Highway Capacity, 1994, 1, 324-334.

[60] Leonard J. D. Operational Characteristics of Triple Left Turns[J]. Transportation Research Record 1457, 1994, 103-110.

[61] Sando T., Mussa R. Site Characteristics Affecting Operation of Triple Left-Turn Lanes[J]. Transportation Research Record 1852, 2003, 55-62.

[62] Yang Z., Zhang Y., Grembek O. Combining Traffic Efficiency and Traffic Safety in Countermeasure Selection to Improve Pedestrian Safety at Two-Way Stop Controlled Intersections[J]. Transportation Research Part A, 2016, 286-301.

[63] Yang Z., Liu P., Xu X. Estimation of Social Value of Statistical Life Using Willingness-to-pay Method in Nanjing, China[J]. Accident Analysis and Prevention, 2016, Volume 95, Part B, Pages 308-316.

[64] Yang Z., Liu P., Zhang Y., et al. Multi-objective Analysis of Using U-turns as Alternatives to Direct Left-turns at Two-Way Stop Controlled Intersections [J]. Journal of Advanced Transportation, 2015, 50(4):389-405.

[65] Yang Z., Zhang Y., Zhu R., et al. Impacts of Pedestrians on Capacity and Delay of Major Street Through Traffic at Two-Way Stop-Controlled Intersections [J]. Mathematical Problems in Engineering, Volume 2015 (2015), Article ID 383121, 11 pages.

[66] Yang Z., Liu P., Tian Z., et al. Effects of Left-Turn Waiting Areas on Capacity and Level of Service of Signalized Intersections[J]. Journal of Transportation Engineering-ASCE, 2013, 139(11):1076-1085.

[67] Yang Z., Liu P., Tian Z., et al. Evaluating the Operational Impact of Left-Turn Waiting Areas at Signalized Intersections in China[J]. Transportation Research Record, 2012, 2286(03611981):12-20.